辐射环境模拟与效应丛书

电子器件辐射效应仿真技术

丁李利　陈　伟　王　坦　著

U0296097

科学出版社

北　京

内 容 简 介

辐射效应指的是辐射与物质相互作用产生的现象。为揭示电子器件中的辐射效应机理规律，探寻有效的抗辐射加固手段，科研工作者将辐射效应仿真视作一种有用的研究方法。本书主要介绍总剂量效应仿真技术、单粒子效应仿真技术、位移损伤仿真技术、瞬时剂量率效应仿真技术、辐射效应仿真软件等内容，给出粒子输运仿真、器件级仿真、电路级仿真等不同层级仿真手段在辐射效应研究中的应用案例。

本书可作为辐射效应领域的参考用书，可供从事辐射物理、电子器件辐射效应与抗辐射加固技术研究的相关人员参考阅读。

图书在版编目（CIP）数据

电子器件辐射效应仿真技术 ／ 丁李利，陈伟，王坦著. -- 北京 ： 科学出版社，2025. 3. --（辐射环境模拟与效应丛书）. -- ISBN 978-7-03-080501-0

Ⅰ. TN6

中国国家版本馆 CIP 数据核字第 20246C2R41 号

责任编辑：宋无汗 ／ 责任校对：崔向琳
责任印制：徐晓晨 ／ 封面设计：陈　敬

科 学 出 版 社 出版
北京东黄城根北街 16 号
邮政编码：100717
http://www.sciencep.com
北京建宏印刷有限公司印刷
科学出版社发行　各地新华书店经销
*
2025 年 3 月第 一 版　开本：720 × 1000 1/16
2025 年 3 月第一次印刷　印张：12 1/4
字数：247 000
定价：128.00 元
（如有印装质量问题，我社负责调换）

丛 书 序

辐射环境模拟与效应研究主要解决在辐射环境中工作的系统和电子器件的抗辐射加固技术和基础科学问题，涉及辐射环境模拟、辐射效应、抗辐射加固等研究方向，是核科学与技术、电子科学与技术等的交叉学科。辐射环境模拟研究主要聚焦于不同种类和参数辐射的产生及其应用的基础理论与关键技术；辐射效应研究主要聚焦于各种辐射引发的器件与系统失效机理、抗辐射加固技术及抗辐射性能评估方法。

辐射环境模拟与效应研究事关国家重大安全，长期以来一直是世界大国博弈的前沿科学技术，具有很强的创新性和挑战性。空间辐射环境引起的卫星故障占全部故障的 45%以上，对航天器构成重大威胁。核辐射环境和强电磁脉冲等人为辐射是造成工作在辐射环境中的电子学系统降级、毁伤的主要因素。国际上，美国国家航空航天局、圣地亚国家实验室、劳伦斯·利弗莫尔国家实验室，欧洲宇航局、欧洲核子研究中心，俄罗斯杜布纳联合核子研究所、俄罗斯科学院强电流电子学研究所等著名的研究机构都将辐射环境模拟与效应作为主要研究领域，开展了大量系统性基础研究，为航天器、新型抗辐射加固材料和微电子技术发展提供了重要支撑。

我国在 20 世纪 60 年代末开始辐射环境模拟与效应的研究工作。在强烈需求的牵引下，经过多年研究，我国在辐射环境模拟与效应研究领域已经具备了良好的研究基础，解决了大量工程应用方面的难题，形成了一支经验丰富的研究队伍。国内从事相关研究的科研院所、高等院校和工业部门已达百余家，建设了一批可以开展材料、器件和电子学系统相关辐射效应研究的模拟源，发展了具有特色的辐射测量与诊断技术，开展了大量的辐射效应与机理研究，系统和器件的辐射加固技术水平显著增强，形成了辐射物理学科体系，为国防建设和航天工程发展做出了重大贡献，我国辐射环境模拟与效应研究在科学规律指导下进入了自主创新发展的新阶段。

随着我国空间技术的迅猛发展，在轨航天器数量迅速增长、组网运行规模不断扩大，对辐射环境模拟与效应研究和设备抗辐射性能提出了更高的要求，必须进一步研究提高材料、器件、电子学系统的抗核与空间辐射及强电磁脉冲加固的能力。因此，需要研究建立逼真的辐射模拟实验环境，开展新材料、新工艺、新器件辐射效应机理分析、实验技术和数值仿真研究，建立空间辐射损伤效应与地面模拟实验的等效关系，研发新的抗辐射加固技术，解决空间探索和辐射环境中系统和器件抗辐射加固的关键基础科学问题。

丛书作者都是从事辐射环境模拟与效应研究的一线科研人员，内容来自辐射环境模拟与效应研究团队几十年的研究成果，系统总结了辐射环境研究与模拟、辐射效应机理、电子元器件与系统抗辐射加固技术等方面取得的科研成果，并介绍了国内外最新研究进展，涉及辐射环境模拟、脉冲功率技术、粒子加速器技术、强电磁环境效应、核与空间辐射效应、辐射效应仿真与抗辐射性能评估等研究领域，内容新颖，数据丰富，体现了理论研究与工程应用相结合的特色，充分展示了我国辐射模拟与效应领域产学研用的创新性成果。

相信这套丛书的出版，将有助于进入此领域的初学者掌握全貌，并为相关专业科研人员提供有益参考。

中国科学院院士　吕敏

抗辐射加固技术专业组顾问

前　言

随着空间技术、核技术与微电子技术的迅猛发展，越来越多的电子器件应用于辐射环境中，面临总剂量效应、单粒子效应、位移损伤效应、瞬时剂量率效应等的威胁。为评价电子器件辐射效应易损性，获取辐射在电子器件中产生各类效应导致性能退化、功能异常、故障甚至损毁的概率或难易程度，仿真计算成为非常重要的手段之一。辐射效应仿真指的是利用物理建模和数学建模，模拟辐射与器件不同层级间的相互作用过程，主要包括模拟辐射与器件材料相互作用的粒子输运仿真、模拟器件内部辐射感生载流子漂移扩散过程的器件级仿真、模拟器件性能退化对电路功能影响的电路级仿真等，用于揭示总剂量效应、单粒子效应、位移损伤效应与瞬时剂量率效应的物理机理和规律，是抗辐射加固设计和抗辐射性能评估中的关键技术。早在 1962 年，美国宾夕法尼亚大学首次通过计算分析认为宇宙射线会影响芯片的正常运行，十余年后人们首次从在轨运行的存储器中发现单粒子翻转。1983 年，美国圣地亚国家实验室通过对 3μm 标准单元库的通用模拟电路仿真器(SPICE)仿真，提出组合逻辑电路单粒子瞬态的概念，还预测了单粒子瞬态可能是未来芯片的主要错误来源，这些仿真结果在随后的几十年里被一一证实。

辐射效应领域顶级会议——核与空间辐射效应会议(NSREC)和欧洲电子元器件与系统辐射效应会议(RADECS)，自 2009 年就一直设立建模与仿真分会，用于交流最新进展和成果。辐射效应领域顶级期刊 *IEEE Transactions on Nuclear Science* 于 2015 年 8 月出版了辐射效应建模与仿真专刊，集中收录相关进展。国内从事辐射效应研究的大学、科研院所、工业部门很多，所从事工作或多或少地涉及辐射效应仿真技术。在此背景下，出版一部系统介绍电子器件辐射效应仿真技术的书籍意义重大，可以为从事辐射物理、器件辐射效应、抗辐射加固技术等研究的科研工作者和学生提供参考。

本书由丁李利研究员、陈伟研究员和王坦助理研究员共同撰写，具体分工如下：第 1 章由丁李利、陈伟撰写，第 2 章由丁李利撰写，第 3 章由丁李利、王坦撰写，第 4、5 章由丁李利撰写，第 6 章由丁李利、王坦撰写，王坦对全书进行了统稿。

高层次科技创新人才工程自主科研项目"宇航用电子学系统空间单粒子效

应评估技术研究"(No.111220501)对本书出版提供了支持。

中国科学院吕敏院士亲自指导并为丛书作序,西北核技术研究所为本书的出版提供了大力支持,在此一并表示衷心感谢!

由于作者水平有限、经验不足,书中难免存在不妥之处,敬请读者批评指正。

目　录

丛书序
前言
第1章　绪论 ··· 1
　1.1　辐射环境与效应 ································· 1
　　1.1.1　空间辐射环境与效应 ················· 1
　　1.1.2　核辐射环境与效应 ····················· 3
　1.2　辐射效应评估手段 ····························· 4
　　1.2.1　辐射效应试验 ··························· 4
　　1.2.2　辐射效应仿真 ··························· 10
　1.3　辐射效应仿真技术 ··························· 10
　1.4　小结 ·· 13
　参考文献 ·· 14
第2章　总剂量效应仿真技术 ····················· 16
　2.1　总剂量效应物理过程 ····················· 16
　2.2　总剂量效应器件级仿真 ··················· 20
　　2.2.1　总剂量效应器件级仿真基本流程 ··· 20
　　2.2.2　小尺寸器件总剂量效应作用机制研究 ··· 25
　　2.2.3　总剂量效应对单管独立性的影响研究 ··· 30
　　2.2.4　辐照偏置对总剂量效应敏感性的影响研究 ··· 33
　2.3　总剂量效应电路级仿真 ··················· 36
　　2.3.1　总剂量效应电路级仿真基本流程 ··· 36
　　2.3.2　基准源电路总剂量效应研究 ········· 47
　　2.3.3　SRAM型FPGA总剂量效应研究 ····· 49
　2.4　小结 ·· 54
　参考文献 ·· 54
第3章　单粒子效应仿真技术 ····················· 57
　3.1　单粒子效应物理过程 ····················· 57
　3.2　单粒子效应粒子输运仿真 ··············· 60
　　3.2.1　单粒子效应粒子输运仿真基本流程 ··· 60
　　3.2.2　重离子核反应对SRAM器件SEU截面的影响研究 ·········· 62

　　　3.2.3　不同种类粒子引发的单粒子效应敏感性差异研究 ················ 64
　3.3　单粒子效应器件级仿真 ·· 66
　　　3.3.1　单粒子效应器件级仿真基本流程 ······························· 66
　　　3.3.2　有源区形状尺寸变化对单粒子效应敏感性的影响研究 ·········· 70
　　　3.3.3　单粒子栅穿随工艺尺寸减小的趋势性变化研究 ··············· 76
　　　3.3.4　累积辐照对单粒子翻转敏感性的影响研究 ····················· 81
　3.4　单粒子效应电路级仿真 ·· 86
　　　3.4.1　单粒子效应电路级仿真基本流程 ······························· 86
　　　3.4.2　驱动能力对标准单元单粒子效应敏感性的影响研究 ·········· 106
　　　3.4.3　版图结构对标准单元单粒子效应敏感性的影响研究 ·········· 112
　　　3.4.4　重离子斜入射对标准单元单粒子效应敏感性的影响研究 ····· 114
　3.5　单粒子效应系统级仿真 ·· 123
　　　3.5.1　单粒子效应系统级仿真基本思路 ····························· 123
　　　3.5.2　SRAM 型 FPGA 单粒子功能中断截面评价 ················· 126
　3.6　小结 ·· 131
　参考文献 ·· 131
第 4 章　位移损伤仿真技术 ·· 135
　4.1　位移损伤物理过程 ·· 135
　4.2　位移损伤多尺度模拟方法 ·· 138
　　　4.2.1　辐照诱发缺陷计算 ·· 138
　　　4.2.2　缺陷演化和迁移研究 ·· 141
　4.3　位移损伤粒子输运仿真 ·· 142
　　　4.3.1　不同源引发的位移损伤差异研究 ······························ 142
　　　4.3.2　CMOS 图像传感器位移损伤研究 ····························· 145
　4.4　位移损伤器件级仿真 ·· 147
　　　4.4.1　位移损伤器件级仿真基本流程 ································· 147
　　　4.4.2　位移损伤诱发双极晶体管性能退化研究 ····················· 148
　　　4.4.3　位移损伤诱发 CMOS 图像传感器性能退化研究 ············ 149
　4.5　位移损伤电路级仿真 ·· 150
　　　4.5.1　位移损伤电路级仿真基本流程 ································· 150
　　　4.5.2　利用电路级仿真计算模拟电路位移损伤敏感性 ············· 151
　4.6　小结 ·· 153
　参考文献 ·· 153
第 5 章　瞬时剂量率效应仿真技术 ·· 155
　5.1　瞬时剂量率效应物理过程 ·· 155

5.2　瞬时剂量率效应器件级仿真 ·· 157

　　5.2.1　瞬时剂量率效应器件级仿真基本流程 ························· 157

　　5.2.2　瞬时剂量率效应加固方法有效性验证 ························· 157

　　5.2.3　累积剂量影响瞬时剂量率效应的物理机制研究 ··············· 159

5.3　瞬时剂量率效应电路级仿真 ·· 162

　　5.3.1　瞬时剂量率效应电路级仿真基本流程 ························· 162

　　5.3.2　典型数字电路瞬时剂量率效应敏感性计算 ····················· 163

　　5.3.3　典型模拟电路瞬时剂量率效应敏感性计算 ····················· 168

5.4　瞬时剂量率效应路轨塌陷现象仿真 ·································· 169

5.5　小结 ··· 171

参考文献 ·· 171

第6章　辐射效应仿真软件 ··· 173

6.1　辐射效应仿真相关的商用软件 ·· 173

　　6.1.1　Space Radiation 软件 ··· 173

　　6.1.2　Geant4 软件 ·· 173

　　6.1.3　TCAD 软件 ··· 174

　　6.1.4　LAMMPS 软件 ·· 175

6.2　国外自研辐射效应仿真软件 ·· 175

6.3　国内自研辐射效应仿真软件 ·· 179

6.4　小结 ··· 183

参考文献 ·· 183

第1章 绪　论

辐射作用于电子器件，可能导致电学性能退化、存储数据丢失，严重时甚至造成功能失效[1-4]。为评价电子器件抗辐射性能，针对性提出抗辐射加固方法并验证加固方法的有效性，抗辐射加固领域的研究人员常采用的研究手段有辐射效应试验与辐射效应仿真。辐射效应试验指的是利用实验室装置模拟真实辐射环境，以电子器件作为目标物开展损伤试验，用于研究辐射效应引发的损伤模式、损伤规律，评价在辐射环境中的易损性与生存能力。辐射效应仿真指的是利用物理建模和数值计算方法，模拟辐射与器件相互作用过程，揭示各类辐射效应的物理机理和规律[5]。

本章介绍常见的辐射环境，电子器件工作于辐射环境中可能引发的辐射效应，辐射效应评估手段，以及不同层级辐射效应仿真技术的特点和适用性。

1.1　辐射环境与效应

辐射环境可以分为天然辐射环境和人为辐射环境两大类，其中最有代表性的为空间辐射环境与核辐射环境。

1.1.1　空间辐射环境与效应

空间辐射环境指的是航天器运行空间范围内，由电子、质子、重离子等高能粒子组成的辐射环境。1912 年，科学家 Victor Francis Hess 在不同海拔探测结果的佐证下，提出了"来自外太空的穿透性辐射"概念，获得了 1936 年的诺贝尔物理学奖。随着认识的逐步深入，人们已经能够定量探测到大气层外的空间内存在着非常强的自然辐射，如图 1.1 所示[6]。

空间辐射环境中高能粒子的主要来源包括：①地球辐射带，也称范艾伦辐射带(Van Allen belt)，是由范艾伦根据美国第一颗卫星探索者 1 号的空间粒子探测结果分析而发现的。范艾伦辐射带是地球周围被地磁场稳定捕获的带电粒子区域，主要成分是电子和质子。根据距离地面高度的不同，分为内带和外带。如图 1.2 所示，内带和外带在向阳面和背阳面各有一个区。内带的中心约在 1.5 个地球半径处，范围限于磁纬±40°之间，东西半球不对称，西半球起始高度低于东半球，内带中含有大量的高能质子和电子，带内质子能量范围为 0.1～400MeV，电子能量

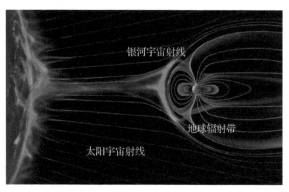

图 1.1 空间辐射环境示意图

范围为 0.04～7MeV。内带空间分布的长期变化与南大西洋负磁异常区的变化趋势基本一致。外带的中心位于地面上空 2～3 个地球半径处，范围可延伸到磁纬 50°～60°处，其中质子能量通常在几兆电子伏特以下，电子能量范围为 0.04～4MeV。对航天器和宇航员的威胁，在内带主要来自高能质子，在外带主要来自高能电子[7]。②银河宇宙射线。来自银河系和河外星系的高能带电粒子，主要是质子，其次是 α 粒子、电子和少量重离子[8]。③太阳宇宙射线。太阳耀斑、日冕物质抛射等爆发性太阳活动发射出的、短时存在的高能带电粒子，主要是质子，其次是 α 粒子、电子和少量重离子。太阳宇宙射线中的带电粒子能量跨度从几万电子伏特到几十吉电子伏特，其中超高能粒子的速度可以达到光速的 80%。太阳宇宙射线中的粒子能量与通量等极度依赖于太阳活动的强弱[9]。

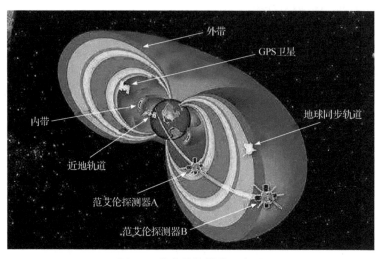

图 1.2 范艾伦辐射带示意图

空间辐射效应指的是空间辐射环境中带电粒子对航天器电子器件产生的作用效果。按作用机制,航天器空间辐射效应分为①电离总剂量效应,主要对象为电子器件和材料等,指辐射粒子进入航天器的材料、电子器件中,与其原子、分子发生电离作用,将能量传递给被辐照的物质,从而对材料、电子器件的性能产生的影响[10]。②位移损伤效应,主要对象为运算放大器、电流比较器、脉宽调制器等模拟线性电路和电荷耦合器件(CCD)、光电二极管等光电器件,指辐射粒子在材料中产生稳定缺陷,进而对材料和电子器件性能产生的影响。对于硅晶体,产生一对间隙原子-空位所需要的平均能量为 15~40eV。因此,能量大于 170keV 的电子束即可在半导体中产生一系列间隙原子、空位[11]。③单粒子效应,主要对象为逻辑器件、存储器件、功率器件等,指空间辐射环境中的单个高能质子或重离子穿越单元电路敏感区时,产生的电子空穴对被器件内部的电场收集,形成瞬时的电流脉冲,改变存储器中存储的信息或使半导体逻辑电路或模拟电路产生错误的输出,干扰系统的正常工作[12-15]。④卫星表面充放电效应,主要对象为卫星表面材料等,指卫星在轨运行期间与能量在 1~50keV 范围的电子引起的空间等离子体环境相互作用而发生的静电荷累积现象,其穿透卫星表层小于 1μm[16]。⑤卫星内带电效应,主要对象为介质材料、器件、悬浮导体等,指空间高能带电粒子,主要是能量范围为 0.1~10MeV 的高能电子,穿过卫星表面屏蔽层,在卫星内部材料表面或介质材料内部沉积从而建立电场,放电瞬间可能造成卫星某些敏感部件的损坏[16]。

1.1.2 核辐射环境与效应

早期核辐射是核爆炸毁伤因素之一,核辐射环境是指核爆炸最初十几秒内放出的、具有很强贯穿能力的中子和 γ 射线,主要包括弹体内核反应产生的瞬发中子和瞬发 γ 射线、裂变产物释放出的缓发中子和缓发 γ 射线,以及中子与空气作用产生的 γ 射线。早期核辐射从辐射源发出后,通过大气并与大气发生多次相互作用向外传播,形成了具有空间分布、能量分布、时间分布和角分布的早期核辐射场[17]。

核辐射效应指的是核辐射环境中粒子对电子器件产生的作用效果。按作用机制,核辐射效应可以分为①瞬时剂量率效应,主要对象为电子器件等,指纳秒量级的脉冲 γ 射线在器件内部引发瞬时光电流,导致电子器件功能紊乱甚至烧毁。在 γ 射线剂量率峰值到来之前,可以将处于加电工作状态的关键电子器件断电,以回避脉冲 γ 射线的影响,峰值过后重新上电恢复正常工作状态[18]。②位移损伤效应,主要对象为双极工艺电子器件、光电器件等,指脉冲中子在器件材料中产生稳定缺陷,进而对器件性能造成影响。通常关注的是能量大于 0.01MeV 的中子注量,且采用 1MeV 中子注量来等效不同中子能谱的注量,从而获取不同中子能谱的损伤等效关系[18-19]。③电离总剂量效应，主要对象为电子器件等，考虑爆炸后 10～15s 的电离累积剂量，包括纳秒量级脉冲 γ 射线累积的总剂量和中子在弹体材料中非弹性散射和俘获所沉积的总剂量[18-19]。

1.2　辐射效应评估手段

为保证电子器件在辐射环境中依然能够稳定、可靠工作，确定应用场景后，首先应评估电子器件在辐射环境中的易损性与生存能力。抗辐射加固领域的研究人员常采用辐射效应试验与辐射效应仿真作为研究手段。

1.2.1　辐射效应试验

辐射效应试验指利用实验室装置模拟真实辐射环境，以设计加工完毕的电子器件作为目标物开展辐照试验。常用实验室模拟装置包括 ^{60}Co 源、X 射线源、电子加速器、重离子加速器、质子加速器、^{252}Cf 源、脉冲激光、反应堆、强流脉冲加速器等。试验目的主要有四个方面：①提高对辐射效应机理的认识；②获取辐射效应在电子器件中引发的损伤模式、损伤规律；③评价电子器件在辐射环境中的易损性与生存能力；④评估或验证电子器件抗辐射加固设计的有效性。

1. 总剂量效应试验

^{60}Co 源为开展总剂量效应试验最常用的模拟装置，其示意图如图 1.3 所示，是评价电子器件抗总剂量性能的标准装置。除此之外，X 射线源、电子加速器、质子加速器等也可以开展总剂量效应试验，可依据具体的试验目的和电子器件特征加以选用。

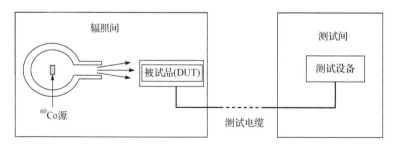

图 1.3　^{60}Co 源模拟装置示意图

在总剂量效应辐射场测量、试验流程等方面，国内已有相关的若干项国军标、国标颁布或立项，用于规范电子器件抗总剂量性能试验和评估等过程，保证试验结果的可比性和权威性。

总剂量效应辐射场测量方面：①GJB 2165—1994《应用热释光剂量测量系统确定电子器件吸收剂量的方法》规定了应用热释光剂量测量系统确定电子器件材料中吸收剂量的方法和程序。②GB/T 15447—2008《X、γ 射线和电子束辐照不同材料吸收剂量的换算方法》规定了在 X、γ 射线和电子束辐照下，根据辐射场的特性、材料的组成和相关的测量，用已知的一种材料吸收剂量计算另外一种材料吸收剂量的方法。该标准的适用范围：X、γ 射线光子能量范围为 0.01~20MeV，电子束能量范围为 0.1~20MeV，该标准不适用于有效原子序数差别较大的两种材料界面附近吸收剂量的换算。

总剂量效应试验流程方面：①GJB 762.2—1989《半导体器件辐射加固试验方法》中第 2 部分《半导体器件辐射加固试验方法 γ 总剂量辐照试验》为总剂量效应试验方法标准，1989 年颁布了第一个版本。2015 年由中国工程物理研究院对其进行了部分修订，因为修订内容不多，所以没有颁布新的版本，只是增加了一个 GJB 762.2 修改单 1-2015，对修订的内容进行说明。②GJB 128A—97《半导体分立器件试验方法》是对 GJB 128—86 修订而成，其中方法 1019 稳态总剂量辐照程序为总剂量效应试验方法，程序规定了利用钴源开展封装半导体分立器件的总剂量辐照试验要求。③GJB 548B—2005《微电子器件试验方法和程序》是对 GJB 548A—1996 修订而成，其中方法 1019.2 电离辐射(总剂量)试验程序为通用的总剂量效应试验方法标准，规定了对已封装的半导体集成电路进行钴 60 γ 射线源电离辐射总剂量效应的试验要求。④GJB 5422—2005《军用电子元器件 γ 射线累积剂量效应测量方法》适用于军用电子元器件在钴源辐照下电离辐射总剂量效应的试验测量，以及模拟低剂量率辐照下器件电离辐射总剂量效应的加速试验，专门针对空间辐射环境引发的总剂量效应试验而设定，不适用于脉冲类型辐照效应测量，即不适用于核辐射环境引发的总剂量效应试验。⑤GJB 11445—2024《军用电子元器件低剂量率增强效应加速试验方法》规定了采用 ^{60}Co 源 γ 射线对具有低剂量率增强效应(ELDRS)的军用电子元器件进行抗总剂量性能评价的加速试验的一般要求和试验程序、方法。该标准适用于具有低剂量率辐射损伤增强效应的双极、BiCMOS 等器件在低剂量率辐射(≤0.1mGy(Si)/s)环境下抗总剂量性能的评价与考核，也可用于甄别电子器件是否存在低剂量率增强效应。⑥GJB 7678—2012《半导体器件 10keV X 射线辐照加固试验方法》规定了使用 X 射线辐射源(X 射线平均能量约为 10keV，最大能量约为 50keV)对体硅互补金属氧化物半导体器件(CMOS)和体硅 CMOS 集成电路进行总剂量电离辐照试验的方法和程序。该标准适用于总剂量电离评估试验，不适用于电离辐照鉴定试验。

2. 单粒子效应试验

重离子加速器、质子加速器、散裂中子源、反应堆为开展单粒子效应试验最常用的实验室模拟装置。图 1.4 为西北核技术研究所质子加速器 XiPAF 装置。某些情况下，如为获取器件加固设计急需的位置敏感性信息、时间敏感性信息、敏感路径信息等，可以采用激光微束单粒子效应模拟装置开展辐照试验，如图 1.5 所示。激光微束具有较高的空间分辨能力，通过逐点扫描方式，定位得到敏感区域，这有利于针对不同的区域合理应用加固措施，从而提高加固效率，控制加固代价。激光微束具有可控触发与精确定时的优势，可较为真实地测量器件产生的单粒子瞬态(SET)脉冲电流幅度和宽度。激光微束的定点入射与定时控制，配合电路 SET 效应测试技术，可以获得电路 SET 效应的区域敏感映射关系，结合芯片的版图和原理图，可定位到具体的敏感路径信息。为考察 28nm 及以下小尺寸器件对电子引发单粒子效应的敏感性，可以采用电子加速器开展辐照试验。为考察封装材料放射性对电子器件单粒子效应敏感性的影响，可以采用 ^{252}Cf 源装置开展辐照试验，如图 1.6 所示。

图 1.4 西北核技术研究所质子加速器 XiPAF 装置

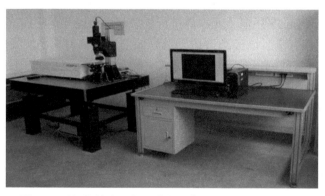

图 1.5 西北核技术研究所激光微束单粒子效应模拟装置

图 1.6 西北核技术研究所 ^{252}Cf 源装置

在单粒子效应试验方法方面，国内已有相关的若干项国军标、国标颁布或立项，用于规范电子器件抗单粒子性能试验和评估等过程。具体包括：①GJB 6777—2009《军用电子元器件 ^{252}Cf 源单粒子效应实验方法》规定了军用电子元器件在 ^{252}Cf 源上进行实验室单粒子效应实验的方法和基本要求；②GJB 7242—2011《单粒子效应试验方法和程序》规定了半导体器件单粒子效应的试验目的、要求和程序等，适用于重离子辐照引起的器件单粒子翻转、单粒子锁定试验；③GB/T 34955—2017《大气辐射影响 航空电子系统单粒子效应试验指南》给出了微电子器件测量大气中子单粒子效应敏感特性的试验方法指南；④国军标上报稿《宇航用半导体器件质子单粒子试验方法》规定了宇航用半导体器件中质子引起的单粒子效应试验的试验目的、一般要求、试验原理、试验设备、试验流程与步骤以及试验报告，适用于高能质子核反应引起的半导体器件单粒子效应测量，包括单粒子翻转(SEU)、SET、单粒子栅穿(SEGR)、单粒子锁定(SEL)、单粒子烧毁(SEB)和单粒子功能中断(SEFI)等，不适用于单个低能质子直接电离引起的半导体器件单粒子效应测量；⑤GB/T 43967—2024《空间环境 宇航用半导体器件单粒子效应脉冲激光试验方法》和 GJB 10761—2022《脉冲激光单粒子效应试验方法》规定了利用脉冲激光辐射源开展半导体器件单粒子效应的试验条件、试验程序、设备要求、数据处理方法和试验报告内容；⑥GJB 11444—2024《DMOS 功率器件单粒子烧毁、单粒子栅穿效应测试方法》规定了扩散型金属-氧化物-半导体(DMOS)功率器件单粒子烧毁与单粒子栅穿测试的基本要求和方法，适用于实验室条件下重离子辐照 DMOS 功率器件引发单粒子烧毁与单粒子栅穿的测试，中子和质子辐照 DMOS 功率器件引发的单粒子烧毁与栅穿测试可参照使用。

3. 位移损伤试验

反应堆、质子加速器、电子加速器等为开展位移损伤试验最常用的实验室模拟装置，西北核技术研究所脉冲反应堆如图 1.7 所示。

图 1.7   西北核技术研究所脉冲反应堆

在位移损伤辐射场测量、试验方法方面，国内已有相关的若干项国军标、国标颁布或立项，用于规范电子器件抗位移损伤性能试验和评估等过程。

试验辐射场测量方面：①GJB 9562—2018《抗辐射加固用模拟场中子能谱和注量测量方法 阈探测器法》规定了利用活化箔和裂变室阈探测器测量抗辐射加固用核爆中子辐射模拟场中子能谱和注量的方法，适用于抗辐射加固用裂变反应堆和快中子临界装置的中子能谱和注量测量，其他中子辐射场的中子能谱和注量测量可参照使用。②国军标上报稿《晶体管探测器的 1MeV 等效中子注量在线测量方法》规定了利用晶体管辐射敏感参数来测量反应堆 1MeV 硅损伤等效中子注量的方法。

位移损伤试验方法方面：①GJB 548C—2021《微电子器件试验方法和程序》是对 GJB 548B—2005 的替代和更新，其中方法 1017.1 中子辐射的目的是测定中子引起的非电离能量损失导致电子器件性能退化的敏感性。程序规定了利用反应堆开展电子器件辐照试验的要求及程序。②GJB 8874—2016《抗辐射加固快中子反应堆辐照试验方法》规定了用快中子反应堆对抗辐射加固试验样品进行辐照试验的要求、程序和方法，适用于利用快中子反应堆对试验样品实施的抗辐射加固辐照试验。③GJB 762.1A—2018《半导体器件辐射加固试验方法 第 1 部分：中子辐照试验》规定了半导体器件中子辐照试验的方法和要求。④GJB 9397—2018《军用电子元器件中子辐射效应试验方法》规定了军用电子元器件在中子辐照环境下辐射效应的试验方法，适用于军用电子元器件在反应堆中子辐照下引起的位移损伤效应和单粒子效应的辐照试验。⑤GB/T 42969—2023《元器件位移损伤试验方法》规定了元器件位移损伤试验中，环境、辐射源、试验样品、电测试、辐照偏置、试验方案制定、试验程序、试验报告等方面的要求，适用于光电集成电路和分立器件，如 CCD、光电耦合器、图像敏感器(APS)、光敏管等，用质子、中子进行位移损伤辐照试验。

4. 剂量率效应试验

剂量率效应试验通常在采用强流相对论电子束加速器技术路线的核爆炸 γ 射线环境模拟装置上开展。国际上最具代表性的核爆炸 γ 射线环境模拟设备是美国 1989 年建成的 HERMES-Ⅲ模拟装置，其 γ 射线剂量率在长为 15cm、截面积为 $500cm^2$ 的圆柱体内达 5×10^{10} Gy(Si)/s，脉冲宽度约为 20ns。20 世纪 70 年代起，中国建成了"晨光号"、"强光一号"等系列模拟设备。其中"强光一号"加速器的最大 γ 射线剂量率达 1×10^7 Gy(Si)/s，面积约为 $100cm^2$，脉冲宽度约为 20ns。西北核技术研究所"强光一号"加速器如图 1.8 所示。

图 1.8 西北核技术研究所"强光一号"加速器

在剂量率效应试验方法方面，国内已有相关的若干项国军标、国标颁布或立项，用于规范电子器件抗剂量率性能试验和评估等过程。具体包括：①GJB 548C—2021《微电子器件试验方法和程序》中的方法 1020.2 剂量率感应锁定中，规定了器件进行微电路锁定的试验要求和程序，以确定器件对剂量率感应锁定是否敏感；方法 1021.1 数字微电路的剂量率翻转中，规定了已封装数字集成电路对受脉冲作用电离辐射响应的试验要求和程序；方法 1023.1 线性微电路的剂量率响应和翻转阈值中，规定了在闪光 X 射线机或电子直线加速器的辐射作用下，对已封装的线性微电路剂量率响应和翻转阈值的试验要求和程序。②GJB 7350—2011《军用电子器件脉冲 γ 射线效应试验方法》规定了军用电子器件在脉冲 γ 射线、X 射线辐照下，瞬时电离辐射效应的测量方法，适用于脉冲电离辐射引起的剂量率闩锁试验、剂量率翻转试验、剂量率响应试验、初始光电流的测量试验。③GJB 762.3A—
2018《半导体器件辐射加固试验方法》中的第 3 部分为瞬时剂量率效应试验方法
标准，适用于半导体分立器件的初始光电流测量试验、微电路的剂量率闭锁试验、
数字微电路的剂量率翻转试验和模拟微电路的剂量率响应试验。

1.2.2　辐射效应仿真

　　辐射效应仿真的优势在于直观、高效、快速，能够在器件投产前预测其抗辐
射性能，从而大幅削减试验所需的时间开销、降低器件研制成本。辐射效应仿真
还能够降低试验成本、提高试验效率、指导和辅助优化抗辐射加固设计。

　　长期以来，美、俄、欧洲各国和地区高度重视电子器件的辐射效应仿真技术
研究，在辐射损伤建模与仿真中开展了大量工作，研制的商用或专业软件包括
CREME96、CREME-MC、SPACE RADIATION、MRED、MUSCA SEP3 等，为器
件在辐射环境中长期可靠工作提供了技术支持。辐射损伤建模与仿真始终是辐射
效应研究领域中的热点和难点问题。

1.3　辐射效应仿真技术

　　电子器件辐射效应仿真的基本流程包括构建电子器件模型，引入辐射效应描
述项，计算电子器件电学响应，甄别并记录效应现象，评估辐射效应易损性。针
对不同层次的电子器件模型，引入辐射效应描述项的方式存在明显差异，如表 1.1
所示。

表 1.1　仿真分析中引入辐射效应描述项的方式

电子器件模型	单粒子效应	总剂量效应	位移损伤效应	瞬时剂量率效应
结构体模型	设定辐射粒子种类、能量、角度，计算电离能量沉积	—	设定辐射粒子种类、能量、角度，计算非电离能量沉积	—
数值仿真模型	添加随时间、空间变化的过剩载流子产生项	设定陷阱浓度与俘获截面，添加过剩载流子产生项	添加陷阱能级，修改少数载流子寿命	添加随时间变化的过剩载流子产生项
版图	添加考虑重离子入射位置与版图特征、偏压特性的电流脉冲	—	—	添加考虑有源区尺寸的电流脉冲

续表

电子器件模型	单粒子效应	总剂量效应	位移损伤效应	瞬时剂量率效应
网表	部分晶体管添加电流脉冲	修改晶体管模型	修改晶体管模型	全部晶体管添加电流脉冲
行为级描述	修改逻辑状态	—	—	—

结构体模型适用于粒子输运模拟，通常借助通用的蒙特卡洛程序，其优点在于辐射粒子种类齐全，支持不同种类、能量、角度的粒子。数值仿真模型适用于器件级仿真，通常借助商用技术计算机辅助设计(TCAD)仿真工具，划分网格后求解载流子连续性方程、漂移扩散方程或流体动力学方程，利用数值方法研究器件内部的载流子输运微观过程，获取最底层晶体管内部载流子浓度、电势、电场强度等物理量分布。针对版图、网表、行为级描述等电子器件设计文件开展辐射效应仿真时，通常需要自行开发软件并编制辐射效应模型，定量构建辐射与扰动项之间的对应关系，自主开发或调用电路级仿真或行为级仿真工具，实现计算电子器件电学响应、甄别并记录效应现象、评估辐射效应易损性的目的。除了上述的粒子输运模拟、器件级仿真、电路级仿真和系统级仿真，多尺度模拟方法更趋向于物理层面，适用于研究缺陷的动态演化过程。

多尺度模拟方法包括第一性原理方法、分子动力学方法、动力学蒙特卡洛方法等，主要是为了模拟辐射在材料中产生的位移损伤从微观缺陷到宏观性能变化的过程[20]。第一性原理方法是指基于量子力学理论，完全由理论推导而得，不使用除基本物理常数和原子量以外的实验数据以及经验或者半经验参数，直接求解薛定谔方程的计算方法。其基本思想是将多原子构成的体系理解为电子和原子核组成的多粒子系统，根据原子核和电子互相作用的原理及其基本运动规律，运用量子力学基本原理最大程度地对问题进行"非经验性"处理。分子动力学方法是一种确定性方法，按照体系内部的动力学规律来确定位形的改变，跟踪系统中每个粒子的个体运动。根据物理统计规律，给出分子的坐标、速度等微观量与温度、压力、比热容、弹性模量等宏观可观测量之间的关系。动力学蒙特卡洛方法是将普通的蒙特卡洛方法中的事件赋予时间尺度，模拟系统随时间演化的过程。其可以模拟界面、可动粒子、扩展缺陷、缺陷团簇和复杂团簇的迁移、扩散、复合、发射粒子、捕获和解离等。

辐射与物质相互作用是辐射效应研究的基础，粒子输运模拟的蒙特卡洛方法是模拟辐射在材料中微观输运过程行之有效的方法。通用蒙特卡洛程序通常具有以下特点：几何处理能力灵活；参数通用化，使用方便；元素和介质材料数据齐全；能量范围广、功能强、输出量灵活全面；含有简单可靠又能普遍适用的抽样技巧；具有较强的绘图功能。MORSE 程序是较早开发的通用蒙特卡洛程序，可以解决中子、光子、中子–光子的联合输运问题。EGS 是 Electron-Gamma Shower 的缩写，模拟在任意几何中，能量从几千电子伏特到几太电子伏特的电子–光子簇射过程的通用程序包，由美国斯坦福直线加速器中心(Stanford Linear Accelerator Center，SLAC)提供。EGS 于 1979 年第一次公开发布，提供使用。EGS4 是 1986 年发布的 EGS 程序的最新版本。SRIM/TRIM 是网上公开的软件，适用于带电粒子在简单结构材料中的输运计算，操作简单。MCNP 是美国洛斯阿拉莫斯(Los Alamos)国家实验室开发的大型多功能通用蒙特卡洛程序，可以计算中子、光子和电子的联合输运问题和临界问题，中子的能量范围为 10～20MeV，光子和电子的能量范围为 1～1000MeV。程序采用独特的曲面组合几何结构，使用点截面数据，程序通用性较强，MCNP 程序中的减方差技巧比较多而全，适用于剂量计算。Geant4(Geometry and Tracking)是大型开源软件，具有粒子种类齐全、能量范围广、物理过程模型众多且选择灵活、粒子径迹可观察等特点[21]。

　　器件级仿真是指从最基本的器件物理出发，利用量子理论模型、流体动力学模型或漂移扩散模型等研究器件的宏观电学表征与内部的载流子输运微观过程，通过求解特定结构中的半导体物理基本方程，利用数值方法得到最底层晶体管内部载流子浓度、电势、电场强度等物理量分布。半导体器件的数值模拟始于 1964 年，最初仅能求解一维器件的常态电学特性[22]。随着数值模拟软件的发展，目前对器件进行仿真模拟时采用三维结构已经成为主流，相对于原有的简化结构，将使计算结果更加准确。TCAD 软件是开展器件级辐射效应仿真的最常用工具，主要用于研究器件内部辐射感生载流子漂移、扩散和收集的全过程，常用 TCAD 软件包括 Sentaurus TCAD、ISE TCAD、Medici 等。器件级仿真能够对宏观的失效表征进行进一步的甄别分析，同时给出效应机理方面的解释。总的来说，这种研究方法具有很高的精度，但计算成本大、规模极受限制。

　　器件模拟中广泛使用的是漂移扩散模型，主要由泊松方程、载流子连续性方程和载流子输运方程组成。经验认为65nm 以下的器件才需要应用流体动力学(FD)模型进行仿真，经典的漂移扩散(DD)模型在深亚微米范围内仍然适用[23]。接下来将简单说明漂移扩散模型所依据的物理原理。

　　泊松方程用于描述器件内部带电载流子所形成的电场空间分布，如式(1.1)所示：

$$\nabla^2\Psi = -\frac{q}{\varepsilon}(D+p-n) \tag{1.1}$$

式中，Ψ 表示静电势；p、n 分别表示空穴与电子电荷密度。

　　空穴连续性方程和电子连续性方程用于描述在电场和浓度梯度作用下载流子的运动过程，分别如式(1.2)、式(1.3)所示：

$$\frac{\partial p}{\partial t} = -\frac{1}{q}\nabla \cdot \boldsymbol{J}_p , \quad \boldsymbol{J}_p = qp\mu_p\boldsymbol{E} - qD_p\nabla p \tag{1.2}$$

$$\frac{\partial n}{\partial t} = -\frac{1}{q}\nabla \cdot \boldsymbol{J}_n , \quad \boldsymbol{J}_n = qp\mu_n\boldsymbol{E} - qD_n\nabla n \tag{1.3}$$

可见空穴和电子电流由两种成分组成，第一种为载流子在非平衡电场下的运动过程，也即漂移电流；第二种为载流子在浓度梯度下的扩散过程，也即扩散电流。通过迭代求解泊松方程和载流子连续性方程，即可获取非平衡载流子在器件内部的运动及相应电学参量的变化。

电路级仿真是一种解析方法，是指将底层器件(如金属–氧化物–半导体场效应晶体管(MOSFET)、双极性结型晶体管(BJT)等)逐一简化为集约模型(compact model)的形式，依据具体的工艺确定模型中的参数，接下来设定器件的外加激励，就可以解析求取输出电流和端电压的数值。电路级仿真的目的包括验证各单元电路是否具有期望的功能，得到功耗、延时等性能估计，辅助调整电路参数。该方法在芯片的设计流程中得到了广泛的应用，通常用来验证芯片的性能并作为修改设计的依据。

系统级仿真相对于器件级仿真和电路级仿真具有更高的抽象程度，其中处理的最基本部件为可实现具体功能的模块电路，如加法器、D 触发器等，忽略了内部的具体电路构造。系统级建模方法常用于用户对可编程芯片进行编程从而实现具体功能，实现的工具为硬件描述语言等。

1.4 小 结

本书主要介绍电子器件辐射效应仿真技术的内涵、流程与典型用例，涵盖不同效应类型和辐射效应仿真技术的不同层级。

第 1 章绪论，给出了概括性的描述和介绍。

第 2 章总剂量效应仿真技术，介绍总剂量效应的物理过程、总剂量效应器件级仿真与电路级仿真的基本流程和典型用例、总剂量效应仿真技术应用于某型号器件的工程案例。

第 3 章单粒子效应仿真技术，介绍单粒子效应的物理过程、单粒子效应粒子输运仿真的基本流程和典型用例、单粒子效应器件级仿真的基本流程和典型用例、单粒子效应电路级仿真的基本流程和典型用例、单粒子效应系统级仿真的基本思路和典型用例等内容。

第 4 章位移损伤仿真技术，介绍位移损伤的物理过程、位移损伤多尺度模拟方法的基本流程和典型用例、位移损伤粒子输运仿真的基本流程和典型用例、位移损伤器件级仿真的基本流程和典型用例、位移损伤电路级仿真的基本流程和典型用例等内容。

第 5 章瞬时剂量率效应仿真技术，介绍瞬时剂量率效应的物理过程、瞬时剂量率效应器件级仿真的基本流程和典型用例、瞬时剂量率效应电路级仿真的基本流程和典型用例、瞬时剂量率效应路轨塌陷现象的仿真实例等内容。

第 6 章辐射效应仿真软件，介绍辐射效应仿真相关的商用软件、国内外自研软件以及下一步发展方向。

<h2 style="text-align:center">参 考 文 献</h2>

[1] 赖祖武. 抗辐射电子学: 辐射效应及加固原理[M]. 北京: 国防工业出版社, 1998.

[2] 曹建中. 半导体材料的辐射效应[M]. 北京: 科学出版社, 1993.

[3] 陈盘训. 半导体器件和集成电路的辐射效应[M]. 北京: 国防工业出版社, 2005.

[4] 刘忠立. 先进半导体材料及器件的辐射效应[M]. 北京: 国防工业出版社, 2008.

[5] 陈伟, 丁李利, 郭晓强. 半导体器件辐射效应数值模拟技术研究现状与发展趋势[J]. 现代应用物理, 2018, 9(1): 010101.

[6] SCHWANK J. Basic mechanisms of radiation effects in the natural space environment[C]. IEEE NSREC (Nuclear and Space Radiation Effects Conference) Short Course, Tucson, USA, 1994.

[7] GANUSHKINA N Y, DANDOURAS I, SHPRITS Y Y, et al. Locations of boundaries of outer and inner radiation belts as observed by cluster and double star[J]. Journal of Geophysical Research, 2011, 116(A9): 1-18.

[8] STASSINOPOULOS E G. Radiation environments of space[C]. IEEE NSREC (Nuclear and Space Radiation Effects Conference) Short Course, Reno, USA, 1990.

[9] REAMES D V. The two sources of solar energetic particles[J]. Space Science Reviews, 2013, 175: 53-92.

[10] LUM G K. Hardness assurance for space systems[C]. IEEE NSREC (Nuclear and Space Radiation Effects Conference) Short Course, Atlanta, USA, 2004.

[11] SROUR J R, MARSHALL C J, MARSHALL P W. Review of displacement damage effects in silicon devices[J]. IEEE Transactions on Nuclear Science, 2003, 50(3): 653-670.

[12] DODD P. Basic mechanisms for single event effects[C]. IEEE NSREC (Nuclear and Space Radiation Effects Conference) Short Course, Virginia, USA, 1999.

[13] BAUMANN R. Single event effects in advanced CMOS technology[C]. IEEE NSREC (Nuclear and Space Radiation Effects Conference) Short Course, Seattle, USA, 2005.

[14] LAW M. Device modeling of single event effects[C]. IEEE NSREC (Nuclear and Space Radiation Effects Conference) Short Course, Ponte Vedra Beach, USA, 2006.

[15] BLACK J, HOLMAN T. Circuit modeling of single event effects[C]. IEEE NSREC (Nuclear and Space Radiation Effects Conference) Short Course, Ponte Vedra Beach, USA, 2006.

[16] 李得天, 杨生胜, 秦晓刚, 等. 卫星充放电效应环境模拟方法[M]. 北京: 北京理工大学出版社, 2019.

[17] 钱绍钧, 俞启宜, 田东风, 等. 中国军事百科全书: 军用核技术[M]. 2 版. 北京: 中国大百科全书出版社, 2007.

[18] ALEXANDER D R. Transient ionizing radiation effects in devices and circuits[J]. IEEE Transactions on Nuclear Science, 2003, 50(3): 565-582.

[19] SIEDLE A H, ADAMS L. Handbook of Radiation Effects[M]. Oxford: Oxford University Press, 1993.

[20] 贺朝会, 唐杜, 李奎. 多尺度模拟方法在材料位移损伤效应研究中的应用[J]. 现代应用物理, 2018, 9(2): 020601.

[21] REED R, WELL R, AKKERMAN A, et al. Anthology of the development of radiation transport tools as applied to single event effects[J]. IEEE Transactions on Nuclear Science, 2013, 60(3): 1876-1911.

[22] GUMMEL H K. A self-consistent iterative scheme for one-dimensional steady state transistor calculations[J]. IEEE Transactions on Electron Devices, 1964, 11: 455-465.

[23] 贡顶, 张相华. 半导体器件的数值模拟: GSS 软件用户手册[EB/OL]. (2009-06-04)[2024-04-08]. http://gss-tcad.sourceforge.net/index-1.html.

第2章 总剂量效应仿真技术

总剂量效应代表着一种全局性的作用机制。考察电子器件所受到的总剂量辐照损伤时，通用的辐照测试仅能获取宏观集总电学参数随累积剂量增加产生的变化，很难给出明确的、深入细节的失效机理分析。结合仿真方法，构建底层晶体管效应机理与大规模集成电路损伤表征之间的联系，是深入研究大规模集成电路总剂量效应的重要手段。

2.1 总剂量效应物理过程

总剂量效应的物理过程可以划分为四个阶段：电子空穴对的产生与复合、空穴在正电场作用下的迁移、氧化物陷阱俘获空穴生成氧化物陷阱电荷和界面态陷阱的生成[1-2]。图2.1直观地展现了总剂量效应作用于金属–氧化物–半导体(MOS)器件的物理过程。

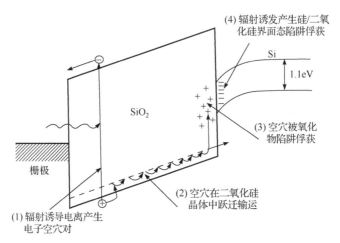

图 2.1 总剂量效应作用于 MOS 器件的物理过程[2]

(1) 电子空穴对的产生与复合。辐射在二氧化硅材料中通过与核外电子或原子核发生相互作用而沉积能量，最终将转化为电子空穴对(产生一对载流子的能量(E_{ehp})约为17eV[3])。在 SiO_2 材料中沉积 1rad(1rad=0.01Gy)能量所产生的电子空穴对密度可以表征为

$$K_{\mathrm{g}}=\frac{1\mathrm{rad}}{E_{\mathrm{ehp}}}\rho(\mathrm{SiO_2})=\frac{6.24\times10^{13}\mathrm{eV}/\mathrm{g}}{17\mathrm{eV}}\times2.27\mathrm{g}/\mathrm{cm^3}=8.4\times10^{12}\mathrm{cm^{-3}} \quad (2.1)$$

式中，K_{g} 为电荷产生系数[3]。电子空穴对产生后，一部分将很快发生复合，逃脱复合作用的比例称为空穴产额，图 2.2 给出了 SiO₂ 材料中不同类型辐射空穴产额随电场强度的变化。由于辐射产生的电子相对于空穴具有更高的迁移率，它们将向着栅电极方向迁移直至被收集，对应的特征时间仅为皮秒量级。

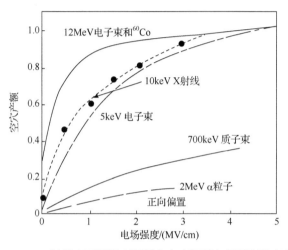

图 2.2　SiO₂ 材料中不同类型辐射空穴产额随电场强度的变化[4]

(2) 空穴在正电场作用下的迁移。由于空穴的迁移率非常低，在皮秒时间范围内，可以认为未参加复合的空穴驻留在初始产生的位置附近。空穴在正电场的作用下向衬底(substrate)Si 材料方向迁移，这种迁移被认为是不规则的传输，通常认为是通过多次俘获、激发的过程逐步向界面靠近。

(3) 氧化物陷阱俘获空穴生成氧化物陷阱电荷。当空穴到达硅/二氧化硅界面附近时，一部分会被深能级空穴陷阱俘获，形成氧化物陷阱电荷，并释放出质子，质子继续向衬底方向迁移。

(4) 界面态陷阱的生成。到达硅/二氧化硅界面的质子将与 Si—H 发生反应，在界面造成不饱和键的积累，即产生界面态陷阱。

以上描述的是总剂量效应的经典物理过程，作用结果是在硅/二氧化硅界面附近的二氧化硅中形成氧化物陷阱电荷，同时在界面处形成界面态陷阱，其中氧化物陷阱电荷将起到主导作用[3]。由于氧化物陷阱电荷带正电，MOS 管的阈值电压 V_{th} 将相应减小，N 型单管器件的沟道区将更加容易开启。

$$\Delta V_{\mathrm{th}}=-Q_{\mathrm{ox}}/C_{\mathrm{ox}}=-Q_{\mathrm{ox}}\cdot t_{\mathrm{ox}}/\varepsilon_{\mathrm{ox}} \quad (2.2)$$

对于尺寸较大的 nMOS 单管(特征尺寸为微米量级或以上)来说，阈值电压甚至会减小至 0V 以下。这种情况下，当栅极电压 V_G=0V 时，沟道区就已经处于开启状态，如图 2.3 所示。

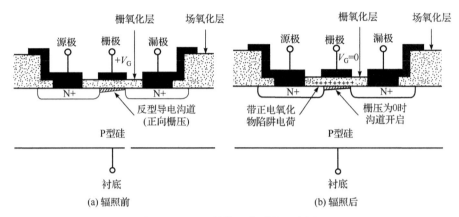

(a) 辐照前　　　　　　　　　　　　　　　(b) 辐照后

图 2.3　nMOS 单管工作时的示意图[5]

　　早在 20 世纪 80 年代，Saks 等[6]就预言，伴随着半导体工艺的发展，MOS 管的栅氧化层引入的总剂量效应损伤将随之减弱。当集成电路的特征尺寸发展到深亚微米阶段，根据等比例缩小的原则，栅氧化层厚度将减小到 6nm 以下(0.25μm 工艺对应的栅氧化层厚度约为 5.5nm)，除了厚度变薄，栅氧化物中沉积陷阱电荷的能力也大大减弱(隧穿效应的存在)[7-8]。从式(2.2)中可以看出，MOS 管随辐射剂量累积而发生的阈值电压漂移现象将大幅度减弱，甚至可以忽略不计。

　　特征尺寸小于 0.35μm 以后，考虑到器件间距减小导致场氧化物变薄，以往半导体器件中常用的硅局部氧化(local oxidation of silicon，LOCOS)隔离技术变得不再可靠[5, 9]，新的场氧化物隔离技术随之陆续出现，如图 2.4 所示。当特征尺寸小于 0.25μm 以后，浅槽隔离(shallow trench isolation，STI)技术成为满足半导体器件集成度、速度方面要求的唯一选择。深亚微米工艺下，场氧化物的厚度相当于超薄栅氧化层的 100 倍，如 STI 的厚度通常大于 300nm。因此，在场氧化物/硅界面附近累积陷阱电荷导致漏电流增大的现象成为必须考虑的损伤因素，如图 2.5 所示。

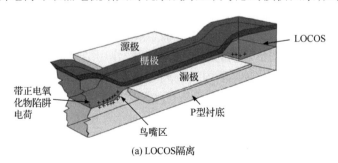

(a) LOCOS隔离

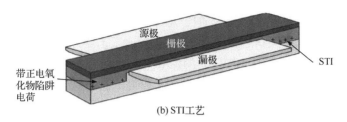

图 2.4　LOCOS 隔离与 STI 工艺下陷阱电荷在场氧化物/硅界面附近的积累[10]

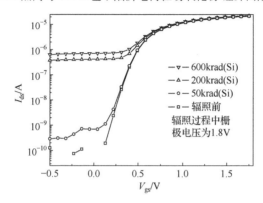

图 2.5　0.18μm 器件辐照前后的转移特性曲线

1998 年，Shaneyfelt 等[10]首次讨论了使用 STI 后 MOS 器件的总剂量效应，利用实测单管数据和三维数值模拟对 STI 区累积陷阱电荷的特性和对 MOS 器件电学特性的影响进行了探索性的研究。2004 年，Turowski 等[11]提出，沿 STI 的氧化物陷阱电荷应该是不均匀分布的，主要原因是考虑到 STI 边缘处的纵向电场驱使空穴向 STI 底部漂移，从而减弱了 STI 边缘处的陷阱电荷密度。对比不同时期的文献(1998～2011 年)可以看出总剂量效应随特征尺寸的变化趋势[12-16]。0.5μm 工艺的 nMOS 管在约 30krad(Si)时就出现明显的开启现象(判定准则：V_{gs}=0V 时对应漏电流大于 1nA)[14]，0.13μm 工艺的 nMOS 管在累积剂量达到 200krad(Si)时才出现明显开启[17-18]，而 90nm 工艺的 nMOS 管在累积剂量达到 500krad(Si)时，漏电流仅达到 10^{-10}A 量级[14]。导致上述现象的原因主要为沿 STI 侧墙处的沟道掺杂浓度随特征尺寸的减小而增大，因此形成反型层所需的氧化物陷阱电荷浓度大大增加，而随着特征尺寸的减小，STI 区域的厚度并没有随之减小[14]，累积的氧化物陷阱电荷浓度并未增加。

当栅氧化物起主要作用时，辐照前后器件与器件间的独立性都可以直观地加以判断。当 STI 场氧化物起主要作用时，辐照后器件间的相互影响程度就成为一项需要验证的问题。器件间漏电流可能来自相邻 nMOS 管外加不同偏压的电极，也可能来自外加不同偏压的相邻阱。2005 年，Faccio 等[12]通过研究 STI 对应的相邻器件(图 2.6)的总剂量效应探索了 0.13μm 工艺对应的器件间漏电流严重程度，最后认为：累积剂量达到 1Mrad(Si)时，器件间漏电流的水平约在纳安量级。2008 年，来自亚利桑那州立大学的项目组探索了 90nm 工艺器件在总剂量辐照后器件间漏电流严重程度，研究表明，不同阱间的漏电流与不同器件间相比要严重得多[19-20]。2011 年，中国科学院上海微系统与信息技术研究所的研究人员指出，器件间漏电流相对于单个器件内部的漏电流数值很小的原因在于 STI 内部的电场分布，其中 STI 底部的电场强度比 STI 顶部的电场强度要小三个数量级，因此对应的空穴产额低[21]，但 2008 年 Ratti 等研究 STI 区域的总剂量效应时曾提出，STI 底部附近的 Si 材料比 STI 顶部附近更容易开启[22-23]。总的来说，器件间漏电流的机理研究和分析方面仍然缺乏统一的认识。

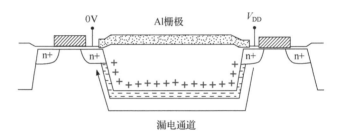

图 2.6　STI 对应的相邻器件间的漏电通道示意图

2.2　总剂量效应器件级仿真

利用器件级仿真的手段能够深入认识总剂量效应的微观过程[24]，检验总剂量效应加固策略的有效性[25]，分析单管或单元器件总剂量效应下性能退化的失效机制[2, 26]。

2.2.1　总剂量效应器件级仿真基本流程

在氧化物材料中引入总剂量效应作用后，需要考虑陷阱电荷在其中的俘获和再激发过程，列式如下：

$$\nabla^2 \Psi = -\frac{q}{\varepsilon_{ox}}(p + p_t - n - n_t) \tag{2.3}$$

$$\frac{\partial p_t}{\partial t} = \sigma_p v_{th} p(N_{tp} - p_t) - e_p p_t - \sigma_r v_{th} n p_t \tag{2.4}$$

$$\frac{\partial p}{\partial t} = -\frac{1}{q}\nabla \cdot \boldsymbol{J}_p + G_{ox} - \sigma_p v_{th} p(N_{tp} - p_t) + e_p p_t \tag{2.5}$$

$$\frac{\partial n_t}{\partial t} = \sigma_p v_{th} n(N_{tn} - n_t) - e_n n_t \tag{2.6}$$

$$\frac{\partial n}{\partial t} = -\frac{1}{q}\nabla\cdot\boldsymbol{J}_n + G_{ox} - \sigma_n v_{th} n(N_{tn} - n_t) - e_n n_t - \sigma_r v_{th} n p_t \tag{2.7}$$

式中，n 和 p 分别代表电子和空穴浓度；n_t 和 p_t 分别代表被俘获的电子和空穴浓度；N_{tn} 和 N_{tp} 分别代表氧化层中的中性电子陷阱和中性空穴陷阱浓度；σ_n 和 σ_p 分别代表电子和空穴被中性电子陷阱和中性空穴陷阱俘获的截面；e_n 和 e_p 分别代表电子和空穴被陷阱俘获后自动退激的概率；σ_r 代表被陷阱俘获的空穴与电子发生复合反应的截面。

　　为提高器件级仿真的可信度，需要对所研究工艺涉及的结构参数、掺杂信息等进行校准。对于代工厂而言，工艺制造的详细步骤及各步骤对应的具体参数是已知的，代工厂依据现有工艺构建器件模型的方法称为正向建模。考虑到工艺线中各项参数的严格保密性，一般情况下无法获取其中的具体参数。为提高模拟结果的预测精度，利用器件校准"猜测"器件的掺杂浓度等各项参数，并使器件级仿真得到的电学特性与器件集约模型计算结果或实测单管数据相吻合的过程称为反向建模，器件级仿真中模型校准所依据的流程如图 2.7 所示[27]。

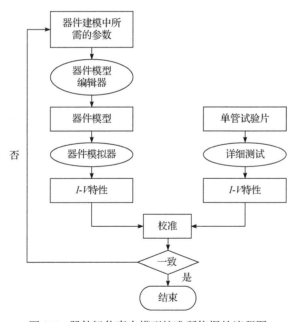

图 2.7　器件级仿真中模型校准所依据的流程图

　　器件建模的过程中待调整的参数可以划分为结构参数和掺杂信息两类，部分与工艺密切相关的结构参数(如栅氧厚度 t_{ox}、结深 x_j)和掺杂信息(如衬底掺杂浓度 N_{sub}、沟道等效掺杂浓度 $N_{channel}$)，能够从代工厂提供的器件集约模型中获得。阱掺杂分布和隔离结构的基本信息可以借鉴第三方报告或公开发表的文献。

除这些已知的信息外，其他参数值的确定就需要经历反复迭代的过程，迭代的最终目标是所构建的三维器件模型能够输出与实测结果相一致的电流 I-电压 V 特性曲线。在器件建模的过程中，通常将体硅有源区的掺杂分布设置为高斯分布，源漏区和轻掺杂漏(LDD)区待调整的参数包括峰值掺杂浓度、横向扩散系数、纵向结区深度、结区末端的掺杂浓度等。沟道掺杂的分布对器件阈值电压的影响非常大，并且实际沟道中的掺杂分布类比于高斯分布与均匀分布的组合，需要特别加以考虑。

参数迭代的过程并不是盲目的，通过比对计算结果与实测结果，可以得到一定的指导信息。例如，阈值电压 V_{th} 偏大时，就预示着需要增大沟道区峰值掺杂浓度或减小纵向结区深度；跨导值 G 偏大时，可以通过减小 LDD 区峰值掺杂浓度或减小纵向结区深度等措施加以调节。

以特征尺寸为 0.25μm 的 CMOS 工艺作为研究对象，所应用的器件级仿真工具为 Synopsys 公司的 ISE TCAD。最终得到的沟道掺杂分布图如图 2.8 所示，nMOS 管主要区域的掺杂信息如表 2.1 所示。

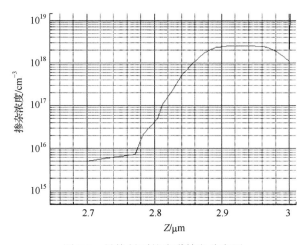

图 2.8　最终得到的沟道掺杂分布图

表 2.1　校准得到的 nMOS 管主要区域的掺杂信息

区域名称	掺杂浓度/cm⁻³	掺杂范围	类型
衬底	5×10^{14}	整个硅材料中	P 型均匀掺杂
P 阱	5×10^{15}	P 阱区域	P 型均匀掺杂
沟道区域 1	峰值 2.5×10^{18}	基准面：从沟道顶部向下延伸 0.045μm，整个沟道区域	P 型高斯(Gauss)掺杂，扩散长度为 0.042μm，横向扩散因子为 1.0，向上掺杂
沟道区域 2	峰值 2.5×10^{18}	矩形区域：从沟道顶部向下延伸 0.045～0.095μm，整个沟道区域	P 型均匀掺杂

续表

区域名称	掺杂浓度/cm⁻³	掺杂范围	类型
沟道区域 3	峰值 2.5×10^{18}	基准面：从沟道顶部向下延伸 0.095μm，整个沟道区域	P 型 Gauss 掺杂，扩散长度为 0.042μm，横向扩散因子为 1.0，向下掺杂
LDD 区域	峰值 8×10^{19}	基准面：沟道顶部，有源区中的整个源漏标识区	N 型 Gauss 掺杂，扩散长度为 0.06μm，底部掺杂浓度为 2.4×10^{17}，横向扩散因子为 1.0，向下掺杂
源/漏区域	峰值 1×10^{20}	基准面：沟道顶部，源漏标识区中与沟道间距大于 0.2μm 的范围	N 型 Gauss 掺杂，扩散长度为 0.18μm，底部掺杂浓度为 2.4×10^{17}，横向扩散因子为 1.0，向下掺杂

所构建的 MOS 管器件仿真模型对应的结构参数：栅长为 0.24μm，栅氧化层厚度为 5.5nm，STI 氧化物深度为 400nm，倾角为 85°。最终得到 0.25μm 三维器件仿真结构如图 2.9 所示，其中的色度分布代表了硅材料中的净掺杂分布信息。图 2.9(b)中同时给出了三维结构对应的网格划分情况。进行网格划分是数值计算中的重要组成部分，网格划分的好坏直接关系到数值解是否收敛和收敛速度的快慢。此处采用的是局部加密的非结构化网格，对于形状复杂的边界具有良好的适应性。

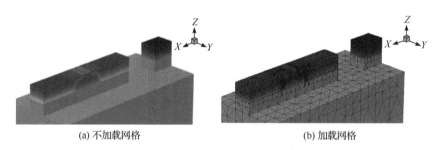

(a) 不加载网格　　　　　　　　　　　　(b) 加载网格

图 2.9　0.25μm 三维器件仿真结构

图 2.10 给出了宽长比 W/L=0.3μm/0.24μm 的 nMOS 管 I_{ds}-V_{gs} 与 I_{ds}-V_{ds} 曲线校准结果，其中 ISE 仿真结果是利用 ISE TCAD 半导体数值模拟软件求解得到，所采取的物理模型为漂移扩散模型。实测结果针对的是 0.25μm CMOS 工艺 nMOS 单管试验片，试验测试应用的设备为精密半导体参数测试仪。从图中可以看出，三维器件模拟得到的 I-V 特性与实测结果符合得较好。以上结果表明，所得到的三维仿真模型能够反映实际器件的电学特性，可以进一步开展总剂量效应建模仿真。

模拟总剂量效应对器件的影响时，需要考虑辐射在氧化物材料中沉积能量产生过剩载流子、过剩载流子在氧化物中的输运、陷阱俘获空穴产生陷阱电荷、电

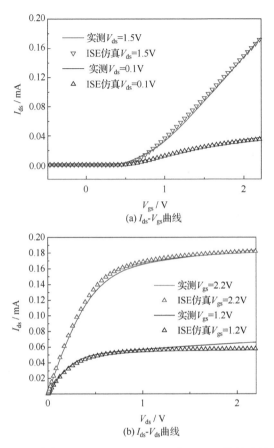

(a) I_{ds}-V_{gs}曲线

(b) I_{ds}-V_{ds}曲线

图 2.10 宽长比 W/L=0.3μm/0.24μm 的 nMOS 管校准结果

子与陷阱电荷中的空穴发生复合等一系列过程。其中涉及的参数包括：氧化层中的中性空穴陷阱浓度 N_{tp}、空穴被中性空穴陷阱俘获的截面 σ_p、被陷阱俘获的空穴与电子发生复合反应的截面 σ_r。从文献中能够查阅到这些参数的量级，但具体的数值将随材料处理和芯片生产工艺的不同而不同。为了计算器件的总剂量效应，在得到常态情况下对应的 TCAD 仿真模型以后，还需要对辐射效应相关的参数进行校准。

器件尺寸减小至深亚微米尺度后，辐照过程仍会显著改变 nMOS 管的电学特性，但对 pMOS 管的影响会变得非常小。以 0.25μm 工艺为例，其中尺寸为 0.7μm/0.24μm 的 pMOS 管在辐照剂量累积至 200krad(Si)时，对应的阈值电压漂移约等于−10mV，而且并未伴随出现截止区漏电流增大的附加现象。因此，重点给出了针对 nMOS 管的仿真结果。

设定氧化物中空穴陷阱均匀分布后，辐射在器件材料中沉积能量产生过剩载流子，SiO_2 材料对应的过剩载流子产生率 g_0=7.6×10^{12}rad^{-1}·cm^{-3}，空穴产额 Y(逃

脱复合的空穴数/辐射诱发的空穴数)的关系表达式为

$$Y(E) = \left(\frac{|E|+E_0}{|E|+E_1} \right)^m \tag{2.8}$$

式中，$m=0.9$；$E_0=0.1\text{V/cm}$；$E_1=1.35\text{MV/cm}$。

最终的校准结果显示，空穴陷阱均匀分布于 STI 区内靠近硅/二氧化硅界面处 40nm 范围内、峰值浓度 N_t 为 $5×10^{17}\text{cm}^{-3}$、陷阱俘获空穴的截面值为 $5×10^{-13}\text{cm}^2$、电子与俘获了空穴的陷阱发生作用使空穴被释放并且复合的截面值为 $3×10^{-13}\text{cm}^2$ 时，模拟结果与测试结果符合得较好，如图 2.11 所示。图中分别给出了利用 TCAD 模拟计算和辐照试验获取的截止区漏电流($V_{gs}=0\text{V}$，$V_{ds}=0.1\text{V}$)随累积剂量的变化关系，对应单管尺寸为 $W/L=0.3\mu\text{m}/0.25\mu\text{m}$，属于 $0.25\mu\text{m}$ 工艺。辐照测试在西北核技术研究所的 ^{60}Co 源上进行，剂量率选取为 50rad(Si)/s，辐照过程中单管的栅极接 2.5V 电压。从图 2.11 可以看出，截止区漏电流随累积剂量的增加而明显增加，在累积剂量为 200.0krad(Si)时，已经超过微安量级。另外，TCAD 模拟仿真的结果与实测结果符合得较好，这进一步验证了 TCAD 模拟计算可以用于总剂量效应的定量预测。

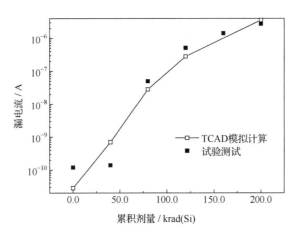

图 2.11　确定总剂量效应相关参数后模拟结果与测试结果的对比

确定了这些参数的具体数值后，就可以定量计算辐照前后器件的宏观电学响应和载流子微观输运过程。通过在氧化物材料中求解包括陷阱电荷的俘获与再激发过程的漂移扩散方程，在其他材料中求解普通漂移扩散方程，可以得到总剂量效应作用后器件内部载流子浓度、电势、电场强度等物理量的再分布。

2.2.2　小尺寸器件总剂量效应作用机制研究

栅氧化层厚度减小后，由于阈值电压漂移的数值与氧化层厚度成正比，栅氧化层中的陷阱电荷对器件电学特性的影响大大减弱，且考虑到超薄栅氧中存在隧穿效应，其中的中性陷阱俘获空穴的概率也已经随之降低。综合来说，栅氧化层对总剂量效应的贡献将变得非常小。这种趋势下，较厚的场氧化物已经成为总剂量效应中研究的重点。STI 场氧化物的侧墙处同样能够俘获空穴生成陷阱电荷，如图 2.12 所示，最终导致整个器件的截止区漏电流明显增加。

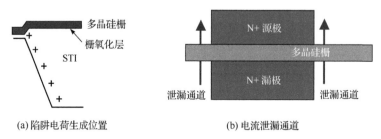

(a) 陷阱电荷生成位置　　　　　　　(b) 电流泄漏通道

图 2.12　STI 侧墙处产生陷阱电荷最终导致器件截止区漏电流增加的示意图

　　STI 氧化物之所以能够俘获空穴，最关键的原因在于栅极区域部分跨越了 STI 顶部，从而在这部分场氧化物中产生了电场。电场的存在对电子空穴的分离和陷阱电荷的产生都起到重要的作用。从图 2.13 中可以看出，随着沿 STI 侧墙处的深度逐渐增大，相应的最大电场强度值将迅速减小。

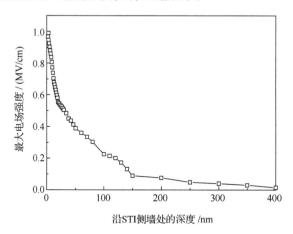

沿STI侧墙处的深度 /nm

图 2.13　栅极电压为 2.5V 时，沿 STI 侧墙处的最大电场强度随深度的变化曲线

　　按照总剂量效应的作用过程分析，逃脱了初始复合的空穴将在电场的作用下向 Si/SiO$_2$ 界面迁移。依据图 2.14 所示的电势分布图，等势线的分布可以近似为一系列的半圆形。STI 氧化物区域中距离边缘处越近，对应的等势线间距将越小，而电场强度随之增大。

　　图 2.14 中同样可以看出，等势线的长度随着深度的增加而增加，此时空穴输

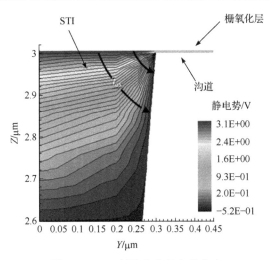

图 2.14　STI 氧化物中的电势分布

运至 Si/SiO$_2$ 界面处对应的输运长度 t_{ox}(沿等电势线方向上，栅电极与衬底的间距)随之增大。需要说明的是，虽然此时栅极电势为 2.5V，衬底电势为 0V，场氧化物的顶部与侧墙间的电势差却不等于 2.5V，因此需要在此基础上考虑栅电极与衬底间的功函数差[14]。

电场强度和输运长度 t_{ox} 都不是固定的数值，均随着场氧化物中深度的变化而变化。在接下来的研究中，将 STI 侧墙处以深度 z 为变量进行等距离剖分，当 dz 的取值足够小时，可以认为 $E(z)$ 和 $t_{ox}(z)$ 在单个区间内固定不变，分别对应单元寄生晶体管的栅氧化层内部场强和栅氧厚度。这里提出的寄生晶体管指的是以 STI 氧化物作为栅氧化物、硅衬底作为衬底材料、原晶体管的源漏区作为自身源漏区、沟道方向与原晶体管沟道方向相一致的等效结构。

依据前文的分析，空穴产额 $Y(z)$ 与深度 z 成反比，而输运长度 $t_{ox}(z)$ 与 z 成正比。逃脱了初始复合的空穴数越多，输运长度值越大时，中性陷阱俘获空穴生成氧化物陷阱电荷的概率就越高。从图 2.15 中可以看出，$Y(z) \cdot t_{ox}(z)$ 在距离 STI 顶部 100nm 时取到最大值。

俘获空穴后形成的陷阱电荷通常位于 Si/SiO$_2$ 界面处几纳米范围内，考虑到电子与空穴在氧化层内的迁移率分别是 20cm^2/(V · s) 和 10^{-5}cm^2/(V · s)，电子被中性陷阱俘获的概率很小，可以忽略不计[28]。陷阱电荷的连续性方程满足：

$$\frac{\partial p_t}{\partial t} = \sigma_p \cdot j_p \cdot (N_t - p_t) \tag{2.9}$$

式中，p_t 代表空穴被俘获形成陷阱电荷的浓度；j_p 代表空穴通量；σ_p 代表中性空穴陷阱俘获空穴的截面；N_t 代表氧化物中中性陷阱的浓度。

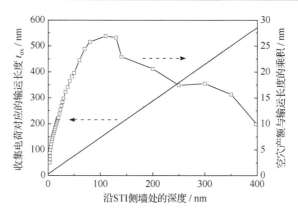

图 2.15　$t_{ox}(z)$ 和 $Y(z) \cdot t_{ox}(z)$ 两个变量随着沿 STI 侧墙处的深度变化曲线

设置变量 u 代表 STI 氧化物中沿电场线方向与 STI 顶部的间距($0 \leqslant u \leqslant t_{ox}$)，则空穴通量可以表示为

$$j_{p} = g \cdot \dot{D} \cdot Y \cdot u \tag{2.10}$$

式中，g 代表辐射在氧化物中沉积的能量与所产生电子空穴对数目之间的换算关系($7.8 \times 10^{12}\text{rad}^{-1} \cdot \text{cm}^{-3}$)[3, 29]；$\dot{D}$ 代表辐照剂量率。

依据式(2.9)和式(2.10)，可以得到陷阱电荷所满足的关系式：

$$p_{t}(u) = N_{t}\left[1 - \exp\left(-\sigma_{p} \cdot g \cdot D \cdot Y \cdot u\right)\right] \tag{2.11}$$

式中，$D = \dot{D} \cdot t$，代表累积剂量。

图 2.16 给出了依据式(2.11)和 TCAD 仿真计算得到的俘获空穴浓度随深度的变化曲线。

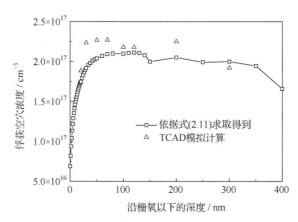

图 2.16　依据式(2.11)和 TCAD 仿真计算得到的俘获空穴浓度随深度的变化曲线

　　陷阱电荷的存在将导致单元寄生晶体管的阈值电压发生变化，令 $Q_{ox}(z)$ 代表氧化物中的等效陷阱电荷面密度，具体的数值可以由 $p_t(z)$ 计算得到。辐照后单元寄生晶体管的阈值电压可以表示为

$$
\begin{aligned}
V_t(z) &= V_{t0}(z) - \frac{Q_{ox}(z)}{\varepsilon_{SiO_2}/t_{ox}(z)} \\
&= \left[\phi_{S'S} - \frac{-\sqrt{2q\varepsilon_{Si}N_A(z)\cdot 2\psi_F(z)}}{\varepsilon_{SiO_2}/t_{ox}(z)} + 2\psi_F(z) \right] - \frac{Q_{ox}(z)}{\varepsilon_{SiO_2}/t_{ox}(z)}
\end{aligned}
\tag{2.12}
$$

式中，$N_A(z)$ 代表 STI 侧墙处 Si 中的掺杂浓度；$\psi_F(z)$ 代表对应的费米势。

　　由于陷阱电荷分布在 Si/SiO₂ 界面处几纳米范围内，令 d 代表当陷阱电荷服从均匀分布时的等效长度，因此可以得到：

$$
Q_{ox}(z) = p_t(z)q\cdot d = N_t[1-\exp(-\sigma_p\cdot g\cdot D\cdot Y\cdot u(z))]\cdot q\cdot d
\tag{2.13}
$$

　　依据式(2.11)～式(2.13)，可以计算出辐照前后单元寄生晶体管的阈值电压分布，如图 2.17 所示。从图中可以看出，寄生晶体管阈值电压在 STI 氧化物中沿栅氧以下的深度约为 100nm 时取到最大值。随着辐照累积剂量的增加，靠近 STI 底部的寄生晶体管最先开启，这主要是由深亚微米器件沟道中采用的超陡倒掺杂分布所致。STI 顶部区域的寄生晶体管，由于对应较高的沟道掺杂浓度和相对较小的等效栅氧厚度，很难进入开启状态。

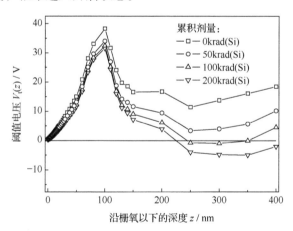

图 2.17　辐照前后单元寄生晶体管的阈值电压分布图

　　图 2.18 给出了沟道区域电流密度分布随累积剂量的变化，从图中可以看出，靠近 STI 底部的寄生晶体管更容易进入开启状态。

　　对于单个 MOS 器件来说，单元寄生晶体管与主晶体管间表现为并联关系，即每个进入开启状态的寄生晶体管都会导致整个 MOS 器件的输出电流增大。这

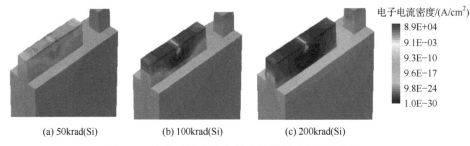

(a) 50krad(Si)　　　　(b) 100krad(Si)　　　　(c) 200krad(Si)

图 2.18　沟道区域电流密度分布随累积剂量的变化

一现象在器件处于截止状态时表现得更加明显。图 2.19 为尺寸为 0.22μm/0.18μm 的 nMOS 管辐照前后的 *I-V* 特性曲线,从图中可以看出,辐照前后的电学特性差异主要体现在截止区漏极(drain electrode)电流的增大。相比之下,器件辐照前后的阈值电压漂移值非常小。

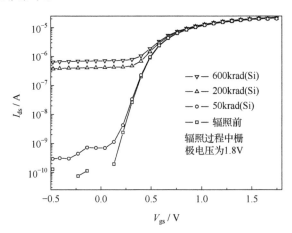

图 2.19　尺寸为 0.22μm/0.18μm 的 nMOS 管辐照前后的 *I-V* 特性曲线

2.2.3　总剂量效应对单管独立性的影响研究

单管独立性指的是 CMOS 电路中不同单管间的相互影响可以忽略不计,即不同单管能够独立工作。当 STI 场氧化物起主要作用时,辐照后底层单管之间的相互影响程度就需要定量加以验证。

器件间漏电流的概念是与器件内漏电流相对应的。器件内漏电流的电流通道存在于漏极与源极之间,产生的效果只是在原有输出电流的基础上叠加了一个新的增量。然而器件间漏电流的电流通道存在于不同器件间,如一个 nMOS 管的漏极和另一个 nMOS 管的源极,或者一个 nMOS 管的漏极与相邻的 N 阱接触等。器件间漏电流的增加会导致不同器件间相互干扰,最终影响单管的独立性。总剂量效应对深亚微米 MOS 器件的影响主要体现在漏电流增加方面,研究总剂量效应对单管独立性的影响等同于评价辐照后器件间漏电流的严重程度。

对于器件间漏电流来说，整个电流通道实际上由相互串联的单元寄生晶体管组成，只有当所有的单元寄生晶体管进入开启状态后，器件间漏电流的数值才会表现出明显增大。表 2.2 中列举出了不同的器件间漏电流通道，并依次编号为 1～5 号寄生结构。寄生结构 1 在以往的相关研究中常常被选作研究对象，但实际上这种寄生结构并不会出现在真实的 IC 电路中，其构造与高能物理中的硅微条探测器十分类似[30-31]。寄生结构 2～5 在 CMOS 集成电路中均真实存在。

表 2.2 辐照导致器件间漏电流通道的分类

编号	漏/源极	栅极/绝缘介质	描述	是否存在于真实 IC 电路中
1	n+/n+	多晶硅/STI	文献中常出现的寄生结构	否
2	N 阱/N 阱	多晶硅/STI	受多晶硅覆盖、不同 N 阱间的漏电流通道	是
3	n+/n+	Metal 1/ STI+ SiO$_2$	不同 nMOS 管中漏/源极间的漏电流通道	是
4	n+/ N 阱	Metal 1/ STI+ SiO$_2$	N 阱与相邻 nMOS 管中漏/源极间的漏电流通道	是
5	N 阱/N 阱	Metal 1/ STI+ SiO$_2$	受金属连线覆盖、不同 N 阱间的漏电流通道	是

表 2.2 中列举了各类寄生结构对应的等效漏/源极、栅极/绝缘介质的组成，这些部分构成了电流通道所需要的最基本要素。等效栅极的存在保证辐照过程中绝缘介质中存在电场，为陷阱电荷的生成提供条件。等效漏/源极的存在为电流通道的两端提供电势差，以驱使载流子在电流通道中迁移产生电流。当栅极材料为多晶硅时，对应的绝缘介质为 STI 场氧化物；当栅极材料为最底层金属(Metal 1)时，对应的绝缘介质为 STI 场氧化物和填充于金属层与有源区之间氧化物的组合。

从图 2.20 可以看出，寄生结构 1 由薄栅氧、中等厚度栅氧和厚栅氧的单元寄生晶体管组成，只有当沿 STI 侧墙处和 STI 底部对应的所有单元寄生晶体管全部开启，寄生结构 1 才进入开启状态。寄生结构 2 中只包括均匀厚栅氧的单元寄生晶体管。2.2.2 小节中对总剂量效应作用下 STI 侧墙处不同位置的寄生管开启特性进行了详细分析，针对所研究的 0.25μm 工艺，最终得出了靠近 STI 底部的寄生管更容易开启，而靠近 STI 顶部的寄生管非常难以开启的结论。因此可以初步推测寄生结构 2 比寄生结构 1 更容易开启。图 2.20 中还包括寄生结构 3 的示意图，其中并没有仅仅给出寄生结构，而是把两个 nMOS 管的完整版图一起呈现出来，从中可以看出寄生结构与实际版图之间的联系。

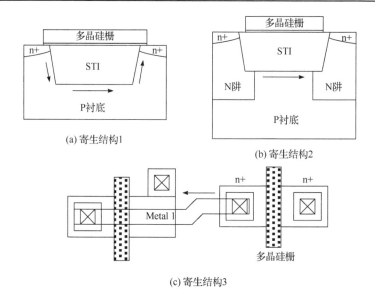

(a) 寄生结构1

(b) 寄生结构2

(c) 寄生结构3

图 2.20 器件间电流通道 1～3 号寄生结构的示意图

箭头标示出了可能的电流寄生结构

利用 TCAD 仿真分别计算寄生结构 1 和 2 对应的器件间漏电流, 图 2.21 给出了寄生结构 2 对应的辐照前后的电学特性曲线。从中可以看出, 当累积剂量达到 200krad(Si)时, 对应的器件间漏电流超过 1nA。与此对应的是, 寄生结构 1 在相同设置下的漏电流仅约为 2pA。

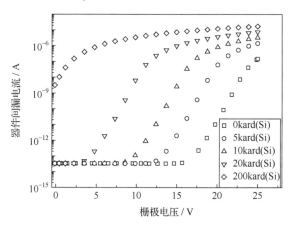

图 2.21 寄生结构 2 对应的辐照前后的电学特性曲线

寄生结构 3～5 均采用最底层金属(Metal 1)作为栅极, 以 1.4μm 厚的 SiO_2 作为等效的栅极氧化物。与以 0.4μm 厚的 STI 作为栅氧化物的寄生结构相比, 对应的空穴产额更小, 但空穴的输运长度 t_{ox} 更大。在这三种寄生结构中, 寄生结构 5

与寄生结构 2 非常相似，具有相同的漏/源极和氧化物结构，可以推测，寄生结构
5 会是其中对总剂量效应相对最敏感的寄生结构。图 2.22 给出了寄生结构 5 对应
的辐照前后的电学特性曲线。从中可以看出，当累积剂量达到 200krad(Si)时，对
应的器件间漏电流约为 0.3nA，而寄生结构 3 在相同设置下的漏电流仅约为
0.01pA。

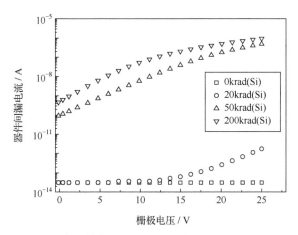

图 2.22　寄生结构 5 对应的辐照前后的电学特性曲线

器件间漏电流的具体数值由寄生结构类型、等效栅氧的厚度、STI 侧墙处的
掺杂分布、辐照过程中的栅极偏压和辐照后的外加偏压等因素共同决定。例如，
虽然以 N 阱作为漏极和源极的寄生结构相对来说对总剂量效应更加敏感，但由于
N 阱通常连接电源电压，不同 N 阱间不存在电势差，因此尽管这类寄生结构中存
在着潜在的电流寄生结构，但对于实际的 CMOS 电路来说，这类寄生结构的威胁
可以排除。

总的来说，实际集成电路中存在电势差的寄生结构只有寄生结构 3 和 4，而
这类寄生结构非常难以开启，最终可以认为辐照后的器件间漏电流不会影响各单
管独立工作。本结论是基于 0.25μm 工艺而提出的，随着特征尺寸的减小，沟道掺
杂的浓度将随之增加，而靠近 STI 顶部的单元寄生晶体管将更加难以开启，因此
对于更小特征尺寸的工艺，该结论将仍然成立。

2.2.4　辐照偏置对总剂量效应敏感性的影响研究

辐照偏置即为器件电路在辐照过程中所处的工作状态，总剂量效应引发的参
数退化与辐照偏置密切相关。对于单个 nMOS 管来说，辐照过程中加载的栅极电
压值对器件的参数退化具有很大的影响。图 2.23 为 nMOS 管辐照前后的电学特
性曲线。

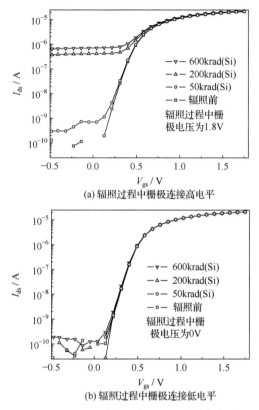

(a) 辐照过程中栅极连接高电平

(b) 辐照过程中栅极连接低电平

图 2.23　nMOS 管辐照前后的电学特性曲线

针对尺寸为 $0.3\mu m/0.24\mu m$ 的 nMOS 管，设置 $V_{gs}=0V$，$V_{ds}=0.1V$，利用器件级仿真得到辐照后截止态漏极电流随栅极偏压和累积剂量变化的曲线图如图 2.24 所示。辐照过程中栅极所加偏压值越大，对应的效应越明显。

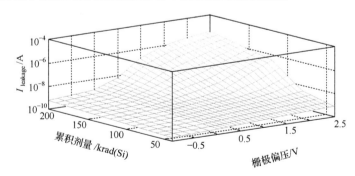

图 2.24　辐照后截止态漏极电流随栅极偏压和累积剂量变化的曲线图

辐照偏压对单管特性退化的影响主要体现在生成陷阱电荷的浓度变化。辐射在氧化层中产生过剩载流子之后，其中电子由于具有很高的迁移率(硅材料中约为 $20cm^2/(V \cdot s)$)，即便是极小的电场，也会在很短时间内被输运出氧化物区域，与之相对应的是，空穴在 SiO_2 中的迁移率非常低，约为 $10^{-5}cm^2/(V \cdot s)$，与电子相比，几乎可以看作静止。在电子离开氧化物区域之前，部分电子与空穴将会发生复合，此时外加电场将会减小电子与空穴复合的份额，加速二者分离的速度，也就是说，栅极所加电压值越高，氧化物(包括栅氧化物和场隔离氧化物)中的电场越强，空穴逃脱复合的比率越高，即空穴产额(逃脱复合的空穴数/辐射诱发的空穴数)值越趋近于 1。逃脱了复合的空穴将在 SiO_2/Si 界面附近 SiO_2 一侧被氧化物空穴陷阱俘获生成氧化物陷阱电荷，陷阱电荷将在边界处 Si 材料一侧感生出反型层电荷。图 2.25 给出了辐照过程栅极偏压和累积剂量取不同值时沟道区域的电流密度分布图，从中可以看出，辐照过程栅极偏压越大，累积剂量值越高，对应零栅压时的电流密度就越大。

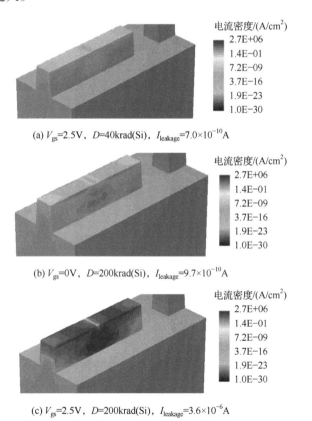

(a) V_{gs}=2.5V, D=40krad(Si), $I_{leakage}$=7.0×10^{-10}A

(b) V_{gs}=0V, D=200krad(Si), $I_{leakage}$=9.7×10^{-10}A

(c) V_{gs}=2.5V, D=200krad(Si), $I_{leakage}$=3.6×10^{-6}A

图 2.25   辐照过程栅极偏压和累积剂量取不同值时沟道区域的电流密度分布图

2.3 总剂量效应电路级仿真

利用电路级仿真的手段能够构建底层晶体管效应机理与大规模集成电路损伤表征之间的联系，评价具有一定规模的电路总剂量效应损伤阈值及表征。

2.3.1 总剂量效应电路级仿真基本流程

总剂量效应电路级仿真的主体思想是将辐射效应引入晶体管级的集约模型。为研究辐射效应对器件电路的影响,需要在电路仿真的过程中添加新的定量描述,用来描述器件受辐照后的性能退化或瞬态响应。总剂量效应损伤模型指的是底层器件的性能参数随辐照相关参数变化的解析关系。为了完成损伤模型的构建,首先需要了解常态下的器件模型参数,其次具体分析哪些性能参数对总剂量效应敏感,最后建立敏感参数与累积剂量、辐照偏压等的定量关系式。通过修改或置换最底层的器件模型,既能够引入总剂量辐照带来的影响,又可以保证与标准的电路级仿真器兼容。

定义一个具体电路时需要给定单管器件模型(compact model, 或者翻译为集约模型, 特指电路仿真中用到的器件模型)和电路网表描述。其中单管器件模型代表了所对应的工艺, 而电路网表描述用来定义各个单管间的连接关系。在电路网表已经确定不变的情况下, 电路对于激励信号的响应特性将随着单管器件模型参数的改变而改变。电路中每一种底层器件都对应着一个器件模型, 如 MOS 器件模型、BJT 模型和二极管(D)模型等, 用数学的方法表达该器件在不同偏置条件下的特性。器件模型是联系集成电路(IC)设计和生产的纽带, 如图 2.26 所示, 利用它就能够预测电路的性能。

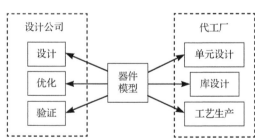

图 2.26 器件模型的重要地位

在直流分析(DC)或交流分析(AC)中, 只要输入 V_{ds}、V_{gs}、V_{bs} 和工作温度 T, 就可以根据器件模型计算不同端点的电流值。图 2.27 为 MOS 单管器件 BSIM3v3(Version=3.1)集约模型的部分模型参数。

```
.model  default  nmos  level = 49
******************************************************************
*              MODEL FLAG PARAMETERS
******************************************************************
+lmin    = 1.8e-007     lmax    = 1.5e-006     wmin    = 2.2e-007     wmax    = 5e-006
+version = 3.1          mobmod  = 1            capmod  = 3            binunit = 1
+stimod  = 0            paramchk= 0            binflag = 0            vfbflag = 0
+hspver  = 2000.2       lref    = 1e+020       wref    = 1e+020
*              GENERAL MODEL PARAMETERS
******************************************************************
+tref    = 25           xl      = 0            xw      = 0            lmlt    = 1
+wmlt    = 1            ld      = 0            tox     = 3.2e-009     toxm    = 3.2e-009
+wint    = -3.0652061e-008  lint = -8.7556337e-009  hdif = 0           ldif    = 0
+ll      = 1.7304572e-018  wl   = 0            lln     = 1.5027195     wln     = 1
+lw      = 0            ww      = 0            lwn     = 1             wwn     = 1
+lwl     = 0            wwl     = 0            cgbo    = 0             xpart   = 1
*              EXPERT PARAMETERS
******************************************************************
+vth0    = 0.44279359   k1      = 0.52996233   k2      = -0.00064921498  k3    = -10.173214
```

图 2.27　MOS 单管器件 BSIM3v3(Version=3.1)集约模型的部分模型参数

如图 2.28 所示，修改器件模型中的敏感参数以表征辐照对底层器件的影响，然后重新执行电路仿真，此时得到的仿真结果就能够反映出电路受到总剂量辐照后整体的性能退化。

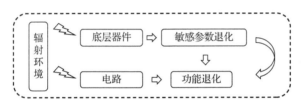

图 2.28　辐射环境中底层器件敏感参数退化与电路功能退化之间的联系

构建总剂量效应模型的过程包含三个步骤：首先获取单管试验片和辐照测试数据；其次需针对辐照测试数据建立单一辐照偏置情况下的单管模型(通常为辐照过程中栅极接工作电压，也称为最劣偏置)，该步骤中需要具体分析哪些性能参数对总剂量效应敏感，并建立敏感参数与累积剂量、辐照偏压等的定量关系式；最后，针对辐照过程中各单管的实际工作状况，通过研究累积剂量与辐照偏置对器件电学性能退化的协同作用，研究执行电路仿真的过程中如何考虑辐照过程中的实际偏置状况。

图 2.29 为 0.25μm 工艺 nMOS 管辐照前后的典型电学特性曲线。从图中可以看出，辐照后器件的截止区漏电流明显增加，甚至超过微安量级。此时整个特性曲线中截止区、亚阈区和饱和区的界限变得越来越不明显。原有的 nMOS 管器件模型中默认晶体管处于截止状态时漏极电路在皮安量级，无法反映现有的电学特性。

为了解决这一问题，采取将寄生晶体管与主晶体管分别考虑的思想，如图 2.30 所示。对于主晶体管，不考虑 STI 氧化物的影响，辐照对 nMOS 管的作用体现为

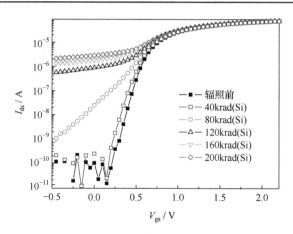

图 2.29　0.25μm 工艺 nMOS 管辐照前后的典型电学特性曲线

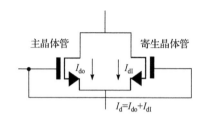

图 2.30　寄生晶体管与主晶体管并联作用的示意图

栅氧化层俘获过剩载流子生成陷阱电荷,最直观的作用结果是导致阈值电压降低。由于 Si/SiO_2 界面处陷阱的存在,考虑到其对沟道载流子的散射作用,载流子迁移率发生变化。对于 pMOS 管来说,相关的参数退化将体现为阈值电压增高、载流子迁移率降低等。

　　STI 侧墙处的寄生晶体管由等效的栅电极–栅氧–半导体结构组成,其中的栅电极和半导体同样为主晶体管的对应组成部分,而等效栅氧则由 STI 场氧化物所替代。此时并没有提及与剂量率相关的低剂量率增强效应。业内已经公认低剂量率增强效应主要存在于双极型的器件电路,由于寄生晶体管的构造服从 MOS 管结构,所以同样无需考虑剂量率效应,可以单纯地采用累积剂量为变量考察损伤参数的渐变特性。

　　单纯考虑辐射对 STI 氧化物的作用时,对于 nMOS 管来说,主要体现为寄生晶体管的阈值电压降低,在栅压较低时已经进入开启状态,导致在原有漏极输出电流的基础上叠加了新的电流值。对于 pMOS 管来说,其寄生晶体管的阈值电压将增大,从而更加不容易开启,因此可以忽略寄生晶体管的影响。下文中考虑 STI 氧化物的影响时,将重点针对 nMOS 管开展研究。按照前文中的分析,寄生晶体管虽然服从 MOS 管的典型结构,即包含金属–氧化物–半导体的复合构造和源漏极等，但它并不像 MOS 管那样具备厚度均匀的栅氧化层。因此，随着累积剂量的增加，栅极电压为零时进入开启态的单元寄生晶体管区域逐渐增大，并不是单纯的阈值电压降低，所以对寄生晶体管进行建模描述时很难直接沿用 MOS 管的模型形式。

建立 MOS 管的损伤模型时只针对需要关心的栅压范围，对于工作电压为 2.5V 的 0.25μm 工艺即为 -0.5V～3.0V。从图 2.29 中可以看出，当主晶体管 V_{gs} 约为 0.2V 时开始进入亚阈值区，即漏极输出电流 I_{ds} 明显增加，而在 -0.5V$<V_{gs}<$0.2V 的电压范围内，I_{ds} 非常小。因此，该电压范围内能够排除主晶体管的影响，从而对寄生晶体管所处的具体状态加以判断。如图 2.31 所示，当累积剂量小于等于 40krad(Si) 时，寄生晶体管在 -0.5V$<V_{gs}<$0.2V 电压范围内明显处于截止区。当累积

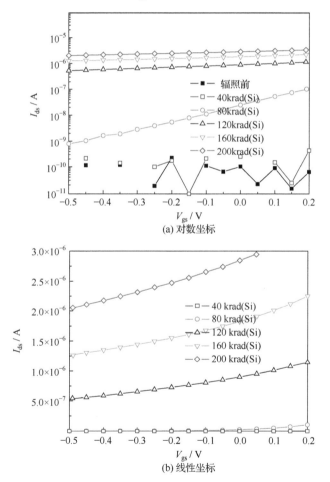

图 2.31　-0.5V$<V_{gs}<$0.2V 电压范围内不同坐标系中的电学特性曲线，V_{ds}=0.1V

剂量增加至 80krad(Si)时，寄生晶体管的输出电流值较大，并且在对数坐标系中随着 V_{gs} 的增加迅速增加，说明已经进入亚阈区。最后，当累积剂量增加至 120krad(Si) 时，寄生晶体管的输出电流值相对截止状态增加了至少 4 个量级，在对数坐标系中随 V_{gs} 的增加而增加的趋势并不明显，从图 2.31 的线性坐标系中可以看出 I_{ds} 与 V_{gs} 的近似线性依赖关系。对比图 2.31 中线性坐标系中的电学特性曲线可以看出不同之处，累积剂量较低时，I_{ds} 随 V_{gs} 的变化近似呈对数关系，随着累积剂量的增加可近似为线性关系。

前文中只是分析了 $-0.5V<V_{gs}<0.2V$ 电压范围内寄生晶体管的特性，当 $V_{gs} \geqslant 0.2V$ 时，主晶体管的逐渐开启将会一定程度上掩盖寄生晶体管的输出电流。实际建立寄生晶体管的宏模型时，将利用 $-0.5V<V_{gs}<0.2V$ 范围内的输出特性构建寄生晶体管随辐照参数变化的关系式，然后依据已有关系式将寄生晶体管的效应规律扩展到 $V_{gs} \geqslant 0.2V$ 的电压区域。依据这种形式构建出的寄生晶体管模型显然并不符合 MOS 管的特性，从行为级建模的角度上说，可以认为其属于受外加电压调制的电流源。最后得到的 MOS 管损伤模型为图 2.32 所示的形式。

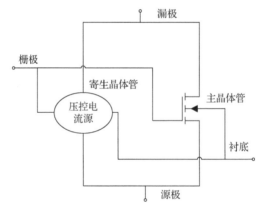

图 2.32 MOS 管损伤模型示意图

针对所分析的 0.25μm 工艺 MOS 管，可以得到如下推论：①当累积剂量小于等于 40krad(Si) 时，寄生晶体管处于截止状态；②当累积剂量满足 40krad(Si)<D≤120krad(Si)时，寄生晶体管处于亚阈区范围；③当累积剂量大于 120krad(Si)时，寄生晶体管进入饱和区。利用 I_{pa} 表征寄生晶体管的输出电流，当累积剂量高于 40krad(Si)时，依据半导体物理中晶体管开启后的典型方程对寄生晶体管的输出特性进行解析描述。

亚阈区特性：

$$\ln(I_{pa}) \propto (V_{gs} - V_T)，当 V_{ds} < V_{dsat} 时 \tag{2.14}$$

$$\sqrt{\ln(I_{pa})} \propto (V_{gs} - V_T)，当 V_{ds} \geq V_{dsat} 时 \tag{2.15}$$

饱和区特性:

$$I_{pa} \propto (V_{gs} - V_T)，当 V_{ds} < V_{dsat} 时 \tag{2.16}$$

$$\sqrt{I_{pa}} \propto (V_{gs} - V_T)，当 V_{ds} \geq V_{dsat} 时 \tag{2.17}$$

式中，V_T 代表寄生晶体管的等效阈值电压；$V_{dsat} \approx 0.7V$，代表中间参量。

依据式(2.14)~式(2.17)，利用数据拟合的方法对$-0.5V < V_{gs} < 0.2V$ 范围内的 MOS 管测试数据进行分离提取，如图 2.33 所示。去除寄生晶体管的影响后，余下的输出电流表征的就是辐照前后主晶体管的电学特性变化。

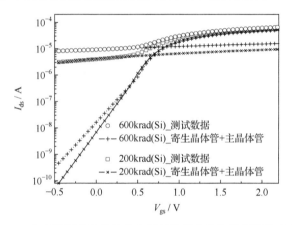

图 2.33　分离辐照后电学特性曲线获取寄生晶体管参数的示意图

提取主晶体管的特性参数随累积剂量的变化关系时，需要利用全局优化的方式进行模型提取。需要说明的是，常态器件模型的获取方式同样是在全局优化的基础上提取得到的，常用的思路是设计生产宽长比满足一定分布规律的单管，进行转移特性曲线和传输特性曲线的详细测试，最后借助模型提取软件完成优化提取。

器件模型提取所需要的单管尺寸分布如图 2.34 所示。其中的黑点表征的是为完成器件模型提取必须选定的尺寸点，灰点表征可以人为设定或不选定的尺寸点。

处理辐照后的主晶体管特性数据时，直接执行参数提取会导致器件模型中的大部分参数发生或多或少的数值变化，将不利于表征出最关键的影响因素。结合前文中的损伤机理分析，将模型提取的重点放在对辐射敏感的参数上。通过设定提取模型时的选项，准许模型提取时在常态模型的基础上只能够调整特定的敏感参数，保证拟合精度在 5%以内，拟合得到辐照后主晶体管的损伤模型。将主晶体管的敏感参数选取为阈值电压和饱和载流子迁移率,在接下来的拟合过程中发现,

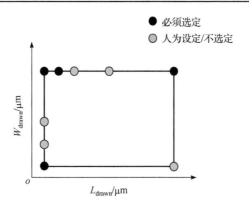

图 2.34　器件模型提取所需要的单管尺寸分布

这种设置能够保证辐照后的测试数据与所提取模型保持很好的一致性。

　　接下来需要确定损伤模型中待定参数的量化信息，这些信息从实测结果中加以获取。针对待研究的 0.25μm 工艺，制作了 6 组不同宽长比的试验片，如表 2.3 所示。其中单管的宽长比分布参考了标准的模型提取要求，首先保证了在工艺可以准许的最小 W/L 处设置一个点(0.3μm/0.24μm)，然后另外设置了其他 5 个点以保证所需的精度。

表 2.3　6 组单管的宽长比统计信息

组号	1	2	3	4	5	6
$W/L/(\mu m/\mu m)$	0.3/0.24	0.8/0.24	2.32/0.24	2.32/0.6	2.32/1.2	2.32/3

　　为了保证单管数据的一致性，一共测试了 9 组 nMOS 管和 9 组 pMOS 管，每组均包含表 2.3 中的 6 组不同宽长比，以保证得到的数据具有较好的一致性。辐照过程中设置栅压为 2.5V。实验中针对每只单管分别测试其辐照前后的 I-V 特性曲线，辐照累积剂量点选取为 40krad(Si)、80krad(Si)、120krad(Si)、160krad(Si)和 200krad(Si)。

　　图 2.35(a)～(c)显示的分别是 0.25μm 工艺 nMOS 器件电学参数随累积剂量增加而发生的变化。从图中可以看出，辐照前后的截止区漏电流数值上相差 4 个量级，增加幅度非常大，阈值电压的减小约在 100mV 以内，载流子饱和迁移率的变化从辐照前的 0.034cm²/(V·s)增加至 0.039cm²/(V·s)。损伤模型的准确性取决于机理分析的准确性、模型中输入参量的准确性和足够精确的解析方法。考虑到不同试验片的实测数据由于生产工艺和材料的不确定性而呈现出不同的分布特征，且辐射在不同器件内引发的损伤程度同样具有一定的差异，为了对这些不确定性因素加以考虑，利用实测数据提取模型输入量时，需对每个输入参量的分布特征

进行具体描述，如图 2.35 所示。

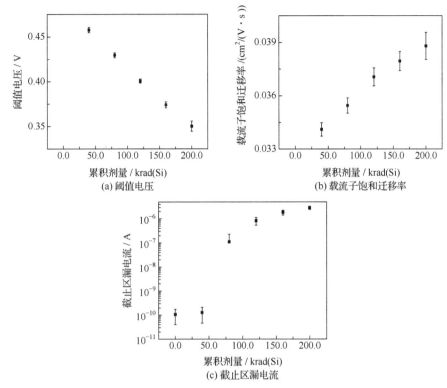

图 2.35　0.25μm 工艺 nMOS 器件电学参数随累积剂量增加而发生的变化

损伤模型的构建直接参考了实测数据，只能代表单一测试偏置情况下的性能参数退化。如果在接下来的电路仿真中直接引入该损伤模型，则等同于默认电路中的各单管在辐照过程中均处于相同偏置状态，这显然是不符合实际的。为解决这一问题，还需要开展辐照偏置对单管性能参数退化的影响方面的研究，最终实现考虑各单管实际工作状态的总剂量效应电路仿真方法。

图 2.36 给出了 0.25μm 工艺 nMOS 管 STI 场氧化物中最大电场强度随深度的变化。STI 表面存在垂直电场，将会驱使辐照在场氧化物中产生的过剩载流子向底部迁移，最终导致距 STI 表面一定深度范围内生成的陷阱电荷非常少，甚至可以忽略不计。从图 2.36 中可以看出，距离 STI 顶部深度大于 0.03μm 的 SiO₂ 区域中，最大电场强度值小于 0.5MV/cm。

式(2.8)给出了空穴产额 Y 随电场强度 E 变化的关系式，图 2.37 给出了式(2.8)计算得到的空穴产额随电场强度变化的曲线，图中还给出了电场强度 $E<$0.5MV/cm 范围内的直线拟合结果，拟合相关系数为 0.99。器件进入深亚微米尺度

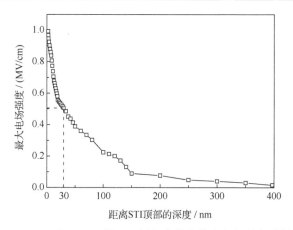

图 2.36　0.25μm 工艺 nMOS 管 STI 场氧化物中最大电场强度随深度的变化

后，场氧化物已经代替栅氧化物成为总剂量效应作用下对器件电学特性变化影响最大的部分，且截止区漏电流的增大也主要由于场氧化物的作用，因此认为此时空穴产额随电场强度的变化满足线性关系的结论成立。

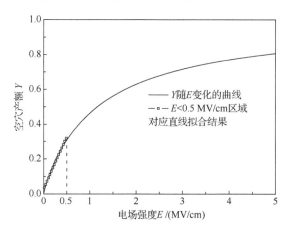

图 2.37　式(2.8)计算得到的空穴产额随电场强度变化的曲线

令 $\phi_{S'S}$ 代表 N+型多晶硅和衬底硅材料间的功函数差，V_S 代表衬底硅材料体内和与 STI 界面处的电势差(类比于沟道表面势)，V_{ox} 代表位于栅氧化物下方 STI 区域垂直方向上的电势差，分析 STI 分别与多晶硅电极和衬底交界处的能带可以得到下式：

$$V_{gb} = V_{ox} + \phi_{S'S} / q + V_S \tag{2.18}$$

利用电荷守恒原理可以得到：

$$Q_G = -Q_{ox} - Q_B - Q_n \tag{2.19}$$

式中，Q_G、Q_{ox}、Q_B 和 Q_n 分别代表栅极、氧化层中、STI 与衬底交界处硅材料一侧的表面耗尽层和 N 型反型层的电荷面密度。假设 SiO_2 材料的工艺趋近理想化，即认为 Q_{ox} 足够小可以忽略不计，同时利用 $Q_B = -\sqrt{2q\varepsilon_{Si}N_A V_S}$ 和 $Q_G = V_{ox}C_{ox}$ 可以进一步得到：

$$V_{ox}C_{ox} = V_{ox}\varepsilon_{ox} / t_{ox} = \sqrt{2q\varepsilon_{Si}N_A V_S} - Q_n \tag{2.20}$$

式中，t_{ox} 代表栅氧化层和 STI 厚度之和；N_A 代表 STI 下方衬底掺杂浓度，金属-STI 场氧化物–半导体结构和金属–栅氧化物–半导体结构在式(2.20)的主要不同体现为 t_{ox} 的取值，二者对应的 t_{ox} 分别为 405nm 和 5nm，考虑两种结构都刚好达到强反型($V_S = 2\phi_F$)，金属–栅氧化物–半导体结构对应的 V_{ox} 约为 1.5V，而金属-STI 场氧化物–半导体结构对应的 V_{ox} 将等于该数值的 81 倍，因此该数值在可能的 V_{gb} 范围内是无法取到的，也就是说，STI 下方的衬底材料不可能进入强反型状态。

0.25μm nMOS 管的 N+型多晶硅栅满足 $\phi_{S'S} = -(0.7eV + \phi_F) \approx -1.1eV$，代入式(2.18)中可以得到：

$$V_{ox} = V_{gb} - \phi_{S'S} / q - V_S = V_{gb} + 1.1V - V_S \tag{2.21}$$

当器件处于正常栅压工作范围时，依据式(2.20)可以推测出 $V_S < (V_{ox}\varepsilon_{ox} / t_{ox})^2 / 2q\varepsilon_{Si}N_A < (4V \cdot \varepsilon_{ox} / t_{ox})^2 / 2q\varepsilon_{Si}N_A = 0.035V$，式(2.21)可进一步简化为

$$V_{ox} = V_{gb} + 1.1V \tag{2.22}$$

定义宏观参数 Y_{eff} 为整个器件氧化物内的等效空穴产额，上文中已提到需要关注的氧化物区域内处处满足 $Y \propto E$，那么 $Y_{eff} \propto \bar{E} = V_{ox} / t_{ox}$ 同样成立，结合式(2.22)可以得到：

$$Y_{eff} \propto (V_{gb} + 1.1V) \tag{2.23}$$

逃脱了复合的空穴将在 SiO_2/Si 界面附近 SiO_2 一侧被氧化物陷阱俘获，对于商用工艺线生产的 SiO_2 来说，其对应的空穴俘获概率可以认为是 100%。当然，此后可能还出现电子与部分已俘获空穴的陷阱发生作用，使其中的空穴被释放出来，最终与其发生复合。该过程的作用截面与工艺关系非常密切，考虑到最终参与到这一过程被还原的陷阱数目由过剩电子数目、作用截面和俘获了空穴的陷阱数目共同决定，只有在辐照累积剂量已经非常大，导致俘获了空穴的陷阱浓度非常高时才需要定量计算。这里认为该过程相对于前面所述的逃脱复合和陷阱俘获来说可以忽略不计，用 N_{ox} 代表氧化物陷阱电荷的密度，可以得到：

$$N_{ox} \propto (V_{gb} + 1.1V) \cdot D \tag{2.24}$$

式中，D 代表累积剂量。

　　氧化物陷阱电荷的存在会在氧化物与硅材料的边界处感生出反型层电荷，反型层载流子的密度由氧化物陷阱电荷决定，并进一步决定栅压为零时截止态漏电流的具体数值。

　　图 2.38 验证了上述关系式的正确性，图中的横坐标变量为$(V_{gb}+1.1V)\cdot D$，纵坐标代表栅压为零时截止态漏电流的数值，通过 TCAD 仿真模拟分别计算了辐照剂量累积至 40krad(Si)、100krad(Si)、120krad(Si)和 200krad(Si)时不同辐照栅极偏压对应的截止态漏电流，并且添加了辐照过程中栅压取 2.5V 对应不同累积剂量的实测数据用于比对。从图中可以明显看出，截止态漏电流与$(V_{gb}+1.1V)\cdot D$ 关系式确实存在唯一性的关系，即在累积剂量和辐照栅极偏压取不同值的情况下，只要$(V_{gb}+1.1V)\cdot D$ 取值相同，对应的截止态漏电流数值就相等。

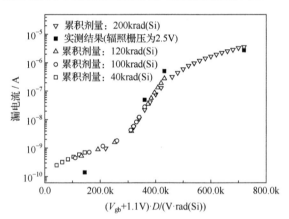

图 2.38　零栅压截止态漏电流随$(V_{gb}+1.1V)\cdot D$ 变化的关系

　　利用上述结论可以引入累积剂量等效因子的概念，并将其推广到辐照过程中栅压可变和通用 MOS 器件的情况，具体描述见下式：

$$\eta_{eff}=\frac{\sum_i\left(V_{gb,i}+\phi_{S'S}/q\right)\cdot D_i}{\left(V_{dd}+\phi_{S'S}/q\right)\cdot D} \tag{2.25}$$

式中，V_{dd} 代表工作电压值；$\phi_{S'S}$ 代表栅极材料与衬底硅材料之间的功函数差(如果栅极为金属材料，则改写为ϕ_{MS})。实际工作中一般只获取单管的单一偏置辐照结果，剂量等效因子 η_{eff} 的引入可以将 MOS 器件实际工作情况下的各类偏置映射为特定的偏置状况，便于利用实测数据求取对应的电学响应。以 0.25μm 器件为例进行解释说明，如果 nMOS 辐照过程中栅压等于 1.0V，且实际累积剂量等于 100krad(Si)，那么此时器件的辐照响应将近似等于辐照过程中栅压等于 2.5V，而累积剂量为 58.3krad(Si)时的情形。

2.3.2　基准源电路总剂量效应研究

基准源电路是一种重要的模拟电路,用于产生当电源电压或工作温度在一定范围内变动时能够稳定输出的基准电压。如图 2.39 所示,大框内为产生基准电压的核心电路,小框内是电流源,可以看出属于带隙基准电路。正常工作时,使能端 EN 接低电平,这时整个大方框左侧电路与核心电路的连接被隔断,电流源电路产生与电源无关的电流,并且在 M_{p7}、R_2 和 Q_2 的联合作用下输出基准电压 V_{REF}。

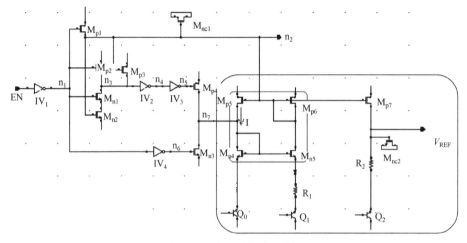

图 2.39　基准源电路示意图

实测了两种不同辐照偏置下输出电压随电源电压变化而变化的曲线,同时利用总剂量效应的电路模拟计算了对应的曲线,比较二者是否一致。图 2.40 给出了两种辐照偏置下基准源电路辐照前后的输出特性曲线,可以看出,2.3.1 小节中构造的电路仿真方法能够给出基准源电路在不同辐照偏置下与实测曲线趋势一致的输出曲线,证明了该仿真方法的合理性、有效性。

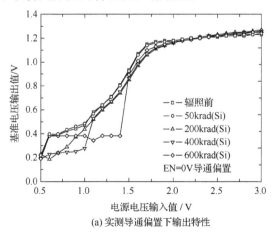

(a) 实测导通偏置下输出特性

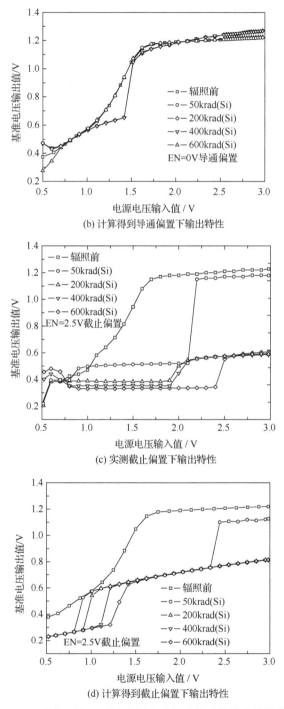

(b) 计算得到导通偏置下输出特性

(c) 实测截止偏置下输出特性

(d) 计算得到截止偏置下输出特性

图 2.40 两种辐照偏置下基准源电路辐照前后的输出特性曲线

2.3.3　SRAM 型 FPGA 总剂量效应研究

研究静态随机存取存储器(SRAM)型现场可编程门阵列(FPGA)总剂量效应的最终目的是从中甄别出对总剂量效应敏感的内部电路,解释其失效表征和失效机理。首先依据某型号 SRAM 型 FPGA 的测试结果初步定位出相对敏感的内部电路,接下来开展仿真计算,得到各模块电路对应的失效形式和阈值。通过比较各模块电路的失效阈值,得到对 SRAM 型 FPGA 抗辐射能力的总体评价。

FPGA 在总剂量效应作用下最易出现的失效表征是不能重新配置和无法完成上电初始化操作[32]。上电启动和配置过程中的相关操作与所涉及的电路是待分析的重点。综合来说,SRAM 型 FPGA 中可能的失效操作和敏感模块电路如图 2.41 所示。失效可能发生在芯片上电、清空配置存储器、为所有可配置点赋值和配置后执行特定电路功能等环节。对应的模块电路包括上电复位电路、全局复位相关电路、循环冗余校验(CRC)电路、配置存储器读写电路和可编程逻辑模块(CLB)电路等,已经在图 2.41 中以深色标注。

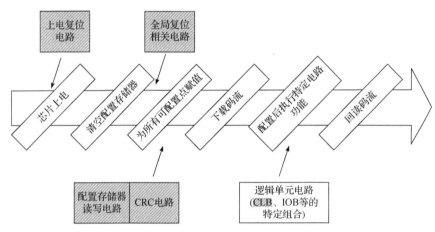

图 2.41　SRAM 型 FPGA 中可能的失效操作和敏感模块电路

IOB 为输入输出模块

对于甄别出的模块电路进行进一步的说明:

1) 上电复位电路

上电复位(power-on-reset, POR)电路,用于在芯片上电的过程中输出全局复位信号,以避免芯片中的触发器输出不定态。

2) 上电相关电路

芯片上电时,特别是具有对接反相器结构的电路,如存储器、触发器等,将会产生瞬时的大电流脉冲,考虑到整个电路的工作电流存在一定的上限,对应的瞬时电流脉冲必须低于限值。

3) 全局复位相关电路

全局复位信号作用于芯片中的存储器和触发器时，对应的瞬时电流脉冲同样必须低于限值。

4) CRC 电路

CRC 电路，用于在从芯片外部下载配置码流并送入芯片内部的整个过程中防止出现误码。正常工作时校验最终结果为全"0"，其底层子电路包括异或门、D 触发器、或非门和与非门等。

5) 配置存储器读写电路

正常工作时能够向特定地址 SRAM 单元写入"0"、"1"逻辑值并能够从特定地址 SRAM 单元中读取之前写入的值。其底层子电路包含 SRAM 单元、译码器所需逻辑门、灵敏放大器、数据端输入输出转换等。

6) CLB 电路

CLB 电路中的查找表(LUT)电路主要实现逻辑运算功能，D 触发器主要实现时序功能，传输管用于实现 LUT 与 D 触发器之间的可编程互联关系。CLB 电路的正常工作表征是能够实现运算并按照正常时序写入并输出逻辑值。

接下来将针对这些模块电路进行逐一的仿真分析。

FPGA 中的上电复位电路用于在芯片上电过程中产生一个复位信号，该复位信号将提供给全局寄存器，为其中的触发器定义初始值，以防止触发器处于不定态导致不可预期的后果。上电复位电路的基本构造为 RC 网络和施密特(Schmidt)触发器，如图 2.42 所示。

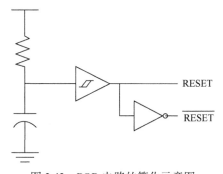

图 2.42　POR 电路的简化示意图

国产该型号 FPGA 的电压上升时间要求在 2～50ms 范围，设定内核电源电压与 IO 电源电压的上升时间均为 2ms。图 2.43 为辐照前和不同累积剂量下 POR 电路的输出信号，对应着在一次仿真中同时计算辐照前与辐照后的电学特性。图中 0～2.1ms 为辐照前，2.1～4.1ms 表征辐照过程，4.1～7ms 则对应辐照后的电路响应。

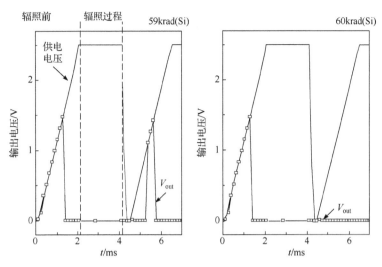

图 2.43 辐照前和不同累积剂量下 POR 电路输出 RESET 复位信号的波形图

上电复位电路是一种模拟电路,常态情况下,当电源电压增加至 1.52V 时,对应的输出 RESET 信号发生跳变降低为零,从而产生复位电平。根据图 2.43 中的结果可知,随着累积剂量的增加,电压发生转变的时刻将发生变化,即对应的电源电压值漂移。当电压转变点的数值在输入电源电压的范围内不能取到时,电压转变点则不复存在。当累积剂量达到 59krad(Si)时,RESET 信号仍能够输出;当累积剂量达到 60krad(Si)时,RESET 信号维持低电平不变,此时 POR 电路已经不能正常工作,说明 POR 电路的总剂量效应失效阈值约为 60krad(Si)。

CRC 是配置过程中很重要的一个环节,主要是为了防止配置码流下载过程中出现误码。图 2.44 为 CRC 电路中用于计算 CRC 码的部分电路,码流传输完成后,计算得到的 CRC 码将被传输到之后的比较电路中,以验证 16 位 CRC 码是否全为 0,否则将判定发生了 CRC 错误。该部分电路可能出现的失效类型为内部节点的逻辑电平失效和时序失效。

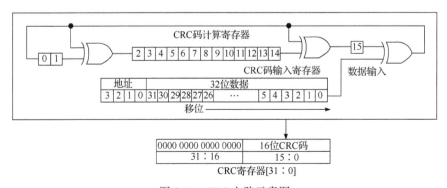

图 2.44 CRC 电路示意图

CRC 计算电路主要包括异或门和 D 触发器，之后的比较电路主要包括或非门和与非门。通过比较不同输出节点的构造差异并计算敏感因子，很容易判定总剂量效应下考虑逻辑电平失效时相对较敏感的节点为其中的或非门输出。分析时序失效时，CRC 电路中最长的延迟路径即为整个 CRC 比较电路的延迟时间。接下来将针对这两部分可能的失效形式进行具体仿真计算。

从表 2.4 可以看出，整个 CRC 校验电路在累积剂量达到 200krad(Si)时不会发生逻辑电平或时序失效，在累积剂量增加至 600krad(Si)时，电路中的最敏感部分则会相应地发生总剂量失效。

表 2.4　CRC 校验电路中的最敏感节点在辐照前后的电学参数变化

电学参数	累积剂量/krad(Si)			
	0	100	200	600
或非门高电平输出/V	2.50	2.43	2.09	0.98
CRC 比较电路延迟时间/ns	2.51	2.96	3.10	—

评价 SRAM 单元是否能够正常存储并读出数据的常用判据为静态噪声容限(SNM)值，当 SNM 值均大于等于 0 时，说明 SRAM 单元能够正常工作。图 2.45 为 SRAM 单元辐照前后的静态噪声容限值，阴影部分对应着辐照过程中存储不同数值时对接反相器传输特性曲线的相交部分，阴影部分区域越大，对应 SNM 值也将越大。从图中可以看出，累积剂量增加至 600krad(Si)时，SRAM 依然能够正常存储数据，而累积剂量超过 200krad(Si)以后，SRAM 单元已经不能读出相反值，即只能读出辐照过程中所存储的状态。

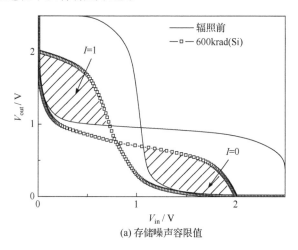

(a) 存储噪声容限值

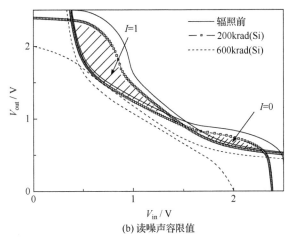

(b) 读噪声容限值

图 2.45 SRAM 单元辐照前后的静态噪声容限值

待研究 SRAM 型 FPGA 电路中 CLB 模块电路的可用资源包括 4 输入查找表 (LUT)和 D 触发器。图 2.46 为 SRAM 型 FPGA 电路中的 LUT 电路示意图,其最可能出现的失效类型为逻辑电平失效。

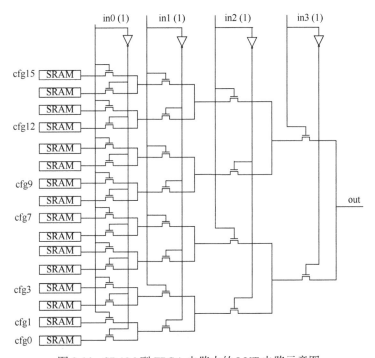

图 2.46 SRAM 型 FPGA 电路中的 LUT 电路示意图

表 2.5 中给出了 LUT 电路在最劣情况下的逻辑高电平输出值,对应着 in0～

in3 端测试过程中设置为与辐照过程相反的数值。从中可以看出，当测试向量完备时，在累积剂量达到 200krad(Si)附近，该部分电路可能发生逻辑电平失效。

表 2.5　LUT 电路在最劣情况下的逻辑高电平输出值

电学参数	累积剂量/krad(Si)		
	0	100	200
逻辑高电平输出/V	1.94	1.57	1.44

针对甄别出的可能敏感功能电路进行了详细的仿真计算，重点分析了各电路对应的总剂量效应失效模式和失效阈值，得到以下结论：

(1) 国产 FPGA 电路最易发生的总剂量效应失效模式是 POR 电路不再正常输出初始化复位信号，失效阈值约为 60krad(Si)；

(2) CLB 模块中 LUT 电路在累积剂量达到 200krad(Si)时可能发生逻辑电平失效，该失效形式能否发生与测试向量的完备性联系紧密；

(3) 配置存储器读写电路的总剂量效应失效阈值约为 200krad(Si)，CRC 电路的总剂量效应失效阈值高于 200krad(Si)。

利用电路级的总剂量效应仿真方法，通过计算各功能电路的失效表征和失效阈值，发现某型号 FPGA 最易发生的总剂量效应失效模式是 POR 电路失效阈值约为 60krad(Si)。

2.4　小　　结

本章主要介绍了总剂量效应仿真技术，从总剂量效应的物理过程出发，论述了总剂量效应研究的进展与趋势；介绍了总剂量效应器件级仿真的基本流程和典型用例，利用器件级仿真开展了小尺寸器件总剂量效应作用机制研究、总剂量效应对单管独立性的影响研究、辐照偏置对总剂量效应敏感性的影响研究；介绍了电路级仿真的基本流程、构建总剂量效应模型的步骤和典型用例，利用电路级仿真开展了基准源电路总剂量效应研究、SRAM 型 FPGA 总剂量效应研究。

参 考 文 献

[1] MCLAIN M L. Analysis and modeling of total dose effects in advanced bulk CMOS technologies[D]. Phoenix City: Arizona State University, 2009.

[2] NICKLAW C J. Multi-level modeling of total ionizing dose in a-silicon dioxide: First principles to circuits[D]. Nashville: Graduate School of Vanderbilt University, 2003.

[3] JEAN-LUC L. Total dose effects: Modeling for present and future[C]. Proceedings of the Nuclear and Space Radiation Effects Conference, Norfolk, Virginia, 1999.

[4] OLDHAM T R, MCGARRITY J M. Comparison of ⁶⁰Co response and 10KeV X-Ray response in MOS capacitors[J]. IEEE Transactions on Nuclear Science, 1983, NS-30(6):4377-4381.

[5] OLDHAM T R, MCLAIN F B. Total ionizing dose effects in MOS oxides and devices[J]. IEEE Transactions on Nuclear Science, 2003, 50(3):483-498.

[6] SAKS N S, ANCONA M G. Generation of interface states by ionizing radiation at 80K measured by charge pumping and subthreshold slope techniques[J]. IEEE Transactions on Nuclear Science, 1987, NS-43(6):1347-1354.

[7] FLEETWOOD D M. "Border traps" in MOS devices[J]. IEEE Transactions on Nuclear Science, 1992, 39(2):269-271.

[8] OSBORN J V. Total dose hardness of three commercial CMOS microelectronics foundries[J]. IEEE Transactions on Nuclear Science, 1998, 45(3):1458-1463.

[9] HUGHES H L, BENEDETTO J M. Radiation effects and hardening of MOS technologies: Devices and circuits[J]. IEEE Transactions on Nuclear Science, 2003, 50(3):500-521.

[10] SHANEYFELT M R, DODD P E, DRAPER B L, et al. Challenges in hardening technologies using STI[J]. IEEE Transactions on Nuclear Science, 1998, 45(6):2584-2592.

[11] TUROWSKI M, RAMAN A, SCHRIMPF R D. Nonuniform total-dose-induced charge distribution in shallow-trench isolation oxides[J]. IEEE Transactions on Nuclear Science, 2004, 51(6):3166-3171.

[12] FACCIO F, CERVELLI G. Radiation-induced edge effects in deep submicron CMOS transistors[J]. IEEE Transactions on Nuclear Science, 2005, 52(6):2413-2420.

[13] ZEBREV G I, GORBUNOV M S. Modeling of radiation-induced leakage and low dose-rate effects in thick edge isolation of modern MOSFETs[J]. IEEE Transactions on Nuclear Science, 2009, 56(4):2230-2236.

[14] JOHNSTON A H, SWIMM R T, ALLEN R G, et al. Total dose effects in CMOS trench isolation regions[J]. IEEE Transactions on Nuclear Science, 2009, 56(4):1941-1949.

[15] HU Z Y, LIU Z, SHAO H, et al. Simple method for extracting effective sheet charge density along STI sidewalls due to radiation[J]. IEEE Transactions on Nuclear Science, 2011, 58(3):1332-1337.

[16] MANGHISONI M, RATTI L, RE V, et al. Comparison of ionizing radiation effects in 0.18 and 0.25μm CMOS technologies for analog applications[J]. IEEE Transactions on Nuclear Science, 2003, 50(6):1827-1833.

[17] BARNABY H J, MCLAIN M, ESQUEDA I S. Total-ionizing-dose effects on isolation oxides in modern CMOS technologies[J]. Nuclear Instruments and Methods in Physics Research B, 2007, 261: 1142-1145.

[18] BARNABY H J. Total-ionizing-dose effects in modern CMOS technologies[J]. IEEE Transactions on Nuclear Science, 2006, 53(6):3103-3121.

[19] ESQUEDA I S, BARNABY H J, HOLBERT K E, et al. Modeling ionizing radiation effects in 90nm bulk CMOS devices[C]. Proceedings of the 11th European Conference on Radiation and Its Effects on Components and Systems, Langenfeld, Austria, 2010.

[20] FACCIO F, BARBABY H J, CHEN X J, et al. Total ionizing dose effects in shallow trench isolation oxides[J]. Microelectronics Reliability, 2008, 48: 1000-1007.

[21] HU Z Y, LIU Z L, SHAO H, et al. Comprehensive study on the total dose effects in a 180-nm CMOS technology[J]. IEEE Transactions on Nuclear Science, 2011, 58(3):1347-1354.

[22] RE V, GAIONI L, MANGHISONI M, et al. Comprehensive study of total ionizing dose damage mechanisms and their effects on noise sources in a 90nm CMOS technology[J]. IEEE Transactions on Nuclear Science, 2008, 55(6):3272-

3279.

[23] RATTI L, GAIONI L, MANGHISONI M, et al. Investigating degradation mechanisms in 130nm and 90nm commercial CMOS technologies under extreme radiation conditions[J]. IEEE Transactions on Nuclear Science, 2008, 55(4):1992-2000.

[24] 何宝平,丁李利,姚志斌,等. 超深亚微米器件总剂量辐射效应三维数值模拟[J]. 物理学报, 2011, 60(5): 056105.

[25] 王思浩,鲁庆,王文华,等. 超陡倒掺杂分布对超深亚微米金属−氧化物−半导体器件总剂量辐照特性的改善[J]. 物理学报, 2010, 59(3):1970-1976.

[26] WANG C, DING L, CHEN W, et al. Investigation of neutron displacement effects in bipolar amplifiers with lateral and substrate p-n-p[J]. IEEE Transactions on Nuclear Science, 2022, 69(8): 1979-1985.

[27] 梁斌. 数字集成电路中单粒子瞬态脉冲的产生与传播[D]. 长沙: 国防科技大学,2008.

[28] KRANTZ R J, AUKERMAN L W, ZIETLOW T C. Applied field and total dose dependence of trapped charge build up in MOS devices[J]. IEEE Transactions on Nuclear Science, 1987, 34(6):1196-1201.

[29] 丁李利. 基于电路级仿真方法的 SRAM 型 FPGA 总剂量效应研究[D]. 北京: 清华大学, 2012.

[30] BACCHETTA N, BISELLO D, ROS R D, et al. Punch-through characteristics of FOXFET biased detectors[J]. IEEE Transactions on Nuclear Science,1994, 41(4):804-810.

[31] VRTACNIK D, RESNIK D, ALJANCIC U, et al. Effect of gamma irradiation on characteristics of FOXFET biased edge-on silicon strip detector[J]. IEEE Transactions on Nuclear Science, 2002, 49(3):1047-1054.

[32] DING L, GUO H, CHEN W, et al. Analysis of TID failure modes in SRAM-based FPGA under Gamma-ray and focused synchrotron X-ray irradiation[J]. IEEE Transactions on Nuclear Science, 2014, 61(4): 1777-1784.

第3章 单粒子效应仿真技术

航天器在轨故障中，约45%是由空间辐射效应引起的，其中单粒子效应约占一半以上，已经成为导致航天器在轨故障的重要因素[1]。我国航天器发生过多次由单粒子效应导致的非正常复位、切机等现象，造成数据传送中断和大量数据丢失事件，严重影响了其在轨长期可靠运行。不同层级的单粒子效应仿真技术，可用于预测电路抗辐射性能、甄别辐照敏感区域、验证加固方法有效性、指导试验评估等，是单粒子效应研究中的重要手段。

3.1 单粒子效应物理过程

单粒子效应的物理过程可以概括为以下三个阶段：电荷产生、电荷收集、电路响应[2-5]。

(1) 电荷产生。当高能带电粒子穿过器件材料时，沿粒子径迹沉积能量会产生大量电子空穴对，这些载流子的产生主要有两种途径：入射粒子的直接电离、入射粒子与材料发生核反应产生次级粒子造成的电离。

(2) 电荷收集。在经典半导体物理中，载流子的运动有三种机制：在电场作用下的漂移，沿载流子浓度梯度的扩散，以及复合过程导致的湮灭。在单粒子效应中，最有效的电荷收集区域是反向偏置(简称反偏)的PN结。在反偏PN结的耗尽区内，电荷可以通过在耗尽区内建电场作用下的漂移运动被两侧的电极收集。扩散电荷收集可以引起邻近非入射节点的电荷收集，其时间较长，一般为几纳秒。早期认为只有穿过灵敏区的带电粒子才能引起单粒子效应，后来发现，灵敏区收集的电荷比由漂移和扩散运动预计收集的电荷多得多，因此就提出了一个新的模型——电荷漏斗模型。由于结区静电势被电离产生高浓度电子空穴对形成的等离子体破坏，周围的耗尽层被中和，失去了屏蔽作用，因此正向偏压产生的电场推进到衬底内部，耗尽层周围的电场分布发生畸变，引发瞬时电场塌陷效应，电场塌陷效应发生时，电场等势面呈漏斗状，层层嵌套延伸至衬底材料中，产生了较大的电场。漏斗区的高场强驱使载流子穿过该区域进入对单粒子效应较为敏感的结区，直接导致结区内电荷浓度的增大，如图3.1所示，这种现象也称为漏斗效应。漏斗区的存在大大增加了电荷有效收集的范围。

特征尺寸减小后，次级电荷收集增强机制变得更加显著，包括寄生双极放大

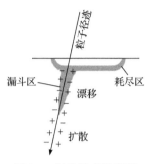

图 3.1　漏斗效应示意图

效应、源漏穿通等。以 pMOS 管为例阐述寄生双极放大效应，粒子轰击后，其入射径迹上电离出大量的电子空穴对。由于 P 型衬底和 N 阱形成了一个较强的反偏 PN 结，电子难以向 P 型衬底中扩散，因此大量的过量电子滞留在 N 阱中，使 N 阱出现电势扰动。扰动增强到一定程度会导致 pMOS 管源极和 N 阱之间的 PN 结形成正偏。pMOS 管源极、N 型沟道、pMOS 管漏极将共同形成 PNP 型双极性晶体管，此时 pMOS 管源极为发射极，N 型沟道为基极，pMOS 管漏极为集电极。大量空穴将从 pMOS 管源极注入到沟道，并被 pMOS 管漏极收集，从而大大增加漏极的电荷收集量。源漏穿通指的是源极和漏极间由于过剩载流子弥散，源漏之间的沟道不再有电压差而出现导通电流。当沟道长度小于 $0.5\mu m$ 时，源端由于这种效应，收集的电荷迅速增加。

(3) 电路响应。电荷被收集后在电路中产生瞬态的电流脉冲，电流脉冲作用于不同的电路结构就会产生不同类型的单粒子效应，如表 3.1 所示，除单粒子栅穿、单粒子位移损伤相对特殊，其他类型单粒子效应的作用过程均符合上文中的描述。

表 3.1　单粒子效应分类及其定义[6]

类型	英文缩写(全称)	定义
单粒子翻转	SEU (single event upset)	存储单元逻辑状态改变
单粒子锁定	SEL (single event latchup)	PNPN 结构中大电流再生状态
单粒子烧毁	SEB (single event burnout)	大电流导致器件烧毁
单粒子栅穿	SEGR (single event gate rupture)	栅介质因场强过高而击穿
多位翻转	MBU (multiple bit upset)	一个粒子入射导致存储单元多个位的状态改变
单粒子扰动	SED (single event disturb)	存储单元逻辑状态出现瞬态变化
单粒子瞬态	SET (single event transient)	瞬态电流在混合电路中传播，导致输出错误
单粒子功能中断	SEFI (single event functional interrupt)	一个翻转导致控制部件出错
单粒子位移损伤	SPDD (single particle displacement damage)	因位移效应造成的永久性损伤
单粒子硬错误	SHE (single hard error)	单个位出现不可恢复性错误

　　SEU 是单粒子效应最常见的表现形式，指的是高能粒子入射导致敏感节点的存储状态发生变化。

　　SEL 指的是器件表现出像硅控整流器一样的电学特征，一旦进入闭锁状态，如果不及时切断电源将导致器件烧毁。

　　SEGR 指的是单个重离子穿过 MOSFET 器件的栅绝缘层，介质内部产生强电场从而引发击穿，SEGR 容易出现在高压功率器件中，也可见于 SRAM 和非易失性电可擦除可编程只读存储器(EEPROM)的写或擦除操作中，依赖于入射粒子的传能线密度(LET)、自身的介电特性、内部电场和粒子入射角度等参数[7-8]。

　　SEGR 发生后可能导致器件材料出现局部过热，物理完整性被破坏，此时就会发生 SEB。已经在功率 MOSFET 器件中观测到重离子入射引发的烧毁现象，这种情况发生在离子穿过器件氧化层区域的瞬间，器件功能很可能发生永久性损伤。

　　尽管单个位的翻转在单粒子现象中占据绝大多数，但多位翻转的现象也经常出现。单粒子多位翻转(MBU)指的是单个入射离子的电离径迹跨越了不止一个存储单元，从而同时引发多个存储单元发生翻转的效应[9-10]。

　　SET 是带电粒子产生的瞬态电流脉冲使节点电压状态在短时间内发生变化，但最终又恢复到初始状态并未导致翻转的现象[11]。数字电路和模拟电路均对 SET 敏感[12]。

　　单个粒子也可能产生硬错误，这时存储节点将不能再次写入数据，这种现象有时也被称作"粘位"。

　　下面以 SRAM 为例简单介绍 SEU 产生的原理。图 3.2 为一个典型的六管 SRAM 单元，它由两个交叉连接的反相器构成。当高能粒子入射灵敏区域，如处于关断状态 nMOS 管的漏区，电子在耗尽区被收集从而产生一个负向的瞬态电流脉冲，致使节点电压下降，导致左边原本导通的 nMOS 管进入截止状态，同时右边 nMOS 管的栅压变得接近电源电压。这一状态恰好与电路节点的初始电平状态

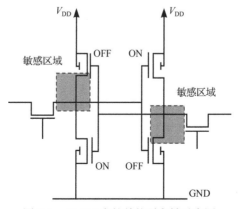

图 3.2　SRAM 中的单粒子翻转示意图

相反，相当于该单元存储的信息由"1"变为"0"，出现了存储状态的翻转。

3.2　单粒子效应粒子输运仿真

粒子输运仿真被广泛应用于单粒子效应研究中，利用该手段可以计算粒子在器件材料中的电离径迹结构、次级粒子分布、区域内能量沉积，进而达到指导地面模拟试验、预估在轨单粒子翻转率、解释不同粒子引发的效应差异等目的。

3.2.1　单粒子效应粒子输运仿真基本流程

单粒子效应粒子输运仿真一般需要四个步骤：探测器结构构建、粒子源设定、物理模型设定、追踪方式设定及结果输出。

(1) 探测器结构构建。依据具体的应用需求构建探测器几何结构，如针对 SRAM 器件开展单粒子翻转仿真，为提高效率且降低建模难度，在模拟过程中需要构建一定数目的存储单元，不需要覆盖所有的单元，满足一定样本量即可。探测器几何的精细程度取决于所掌握器件信息的多少。如图 3.3 所示，构建了包含 128×128 个存储单元的阵列，每个存储单元的面积为 $6 \times 6 (\mu m^2)$，厚度为 $30 \mu m$，由于所获取的信息仅为文献中提供的饱和截面值[13]，因此灵敏区设置为位于存储单元中心、半径为 $0.7 \mu m$ 的球体。

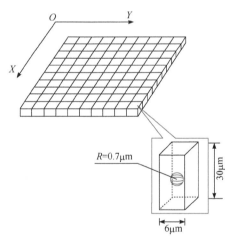

图 3.3　计算 SRAM 器件单粒子翻转所构建的简单探测器几何结构示意图[13]

为了构建更精准的探测器几何结构，也可以利用反向工程手段，通过对 SRAM 单元灵敏区上方的堆栈层结构、材料组分进行分析，同时提取组成 SRAM 单元所有晶体管的横向尺寸和纵向结深，以构建尽量贴近实际的探测器结构。如图 3.4 所示，构建了从顶部封装到底部封装的共计 18 层结构，总厚度为 1mm，依据反向结果设定了各层的化学组分与尺寸参数。构建了精细的包含局部互联层和有源层的 SRAM 重复单元，有源层中区分处于截止状态的 pMOS 管漏区和 nMOS 管漏区，作为 SRAM 器件的灵敏区，处于导通状态的晶体管漏区在仿真中不予考虑。灵敏区的尺寸参数均以实际测量结果为准[14]。

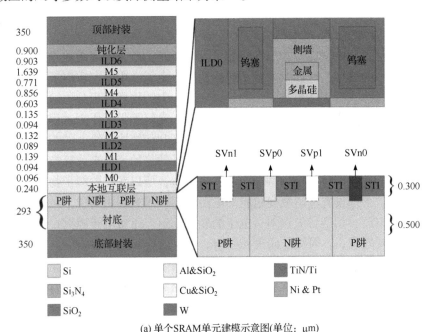

(a) 单个SRAM单元建模示意图(单位：μm)

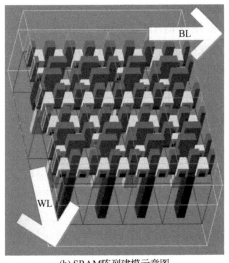

(b) SRAM阵列建模示意图

图 3.4　利用反向工程手段构建尽量贴近实际的探测器几何结构示意图[14]

BL 表示字线；WL 表示位线

(2) 粒子源设定。粒子源的设定同样需参照具体的应用场景，用户需定义种类、能量、粒子出射方向、位置等信息，不局限于单一值，均可以服从一定的分布。借助于粒子输运仿真的自身优势，Geant4 中粒子的种类包含轻子、玻色子、介子和重子，几乎涵盖了目前所知的所有粒子，可以涵盖辐射效应研究中所涉及的各种类型、各种能量、各种发射方式的粒子源。

(3) 物理模型设定。物理模型的设定不仅需要考虑粒子源的选取，还需要考虑入射粒子与材料发生反应生成的次级粒子及次级粒子产生的次级粒子等。例如，质子在材料中的输运，所涉及的粒子包括质子、电子、中子、重离子等，如果入射质子的能量特别高，还可能生成μ子。Geant4 中的物理过程分为输运过程、衰变过程、电磁相互作用过程、强相互作用过程、光轻子强子作用过程、光学光子过程、参数化过程等。输运过程用于确定粒子在几何结构边缘上的响应，计算了粒子在进入另一个区域之前的步长，并根据粒子的初始速度来计算粒子的飞行时间。因为任何粒子都有一定的寿命，会发生衰变，所以在设置粒子物理过程时，需要为每个粒子都设置输运衰变过程。电磁相互作用过程主要包括：带电粒子的多次散射、电离、切连科夫辐射；电子的韧致辐射、正负电子湮灭；μ 子的韧致辐射和电子对效应；γ 射线的康普顿散射、光电效应和电子对效应。在为粒子添加电磁相互作用过程时，应该确定该过程是在粒子静止时、输运时、还是在粒子输运结束时发生的。Geant4 提供了许多粒子与材料的强相互作用过程的模型，需要用户根据所模拟粒子的能量选择合适的模型来模拟强相互作用过程。在设置粒子的强相互作用过程时，首先确定粒子与材料发生反应的类型，添加作用截面，然后根据能量选择合适的模型。

(4) 追踪方式设定及结果输出。Geant4 中持续跟踪粒子，当粒子射程不能达到用户所定义的截断长度(与截断能量相对应)，就认为该粒子的能量直接沉积，截断长度反映了计算的精细程度，针对小尺寸器件应该选择尽可能小的数值。用户可以定制化存储粒子在灵敏体积内每一步的信息。

3.2.2　重离子核反应对 SRAM 器件 SEU 截面的影响研究

重离子主要通过直接电离沉积能量引发单粒子效应，很长一段时间内，LET 被公认为是衡量重离子引发单粒子效应能力的唯一指标，其潜在含义在于，相同 LET 值重离子引发的单粒子效应现象应完全相同。随着单粒子效应研究的持续深入和电子器件特征尺寸的不断降低，重离子能量对电子器件单粒子效应敏感性的影响日益凸显，特别是针对小尺寸器件[15-16]、超薄氧化层器件[17]、薄有源区器件[18]，在 LET 值相同重离子能量不同时，对应的单粒子效应敏感性呈现出不可忽略的差异。1997 年，Ecoffet 等[19]在灵敏区尺寸大于 10μm 的存储器中观测到了低 LET 值 C 离子引发的翻转，认为是由核反应产生的次级粒子引起的，这就提出了可能引发能量相关性的另外一种机制。2007 年,Dodd 等在特征尺寸为 0.14~0.2μm 的存储器重离子试验中,首次在集成电路中发现重离子能量对单粒子效应敏感性的影响不可忽略,当 LET 值小于发生翻转所需的 LET 阈值时,高能重离子入射存储器的翻转截面更高。

假设 SRAM 器件的存储单元为多层膜结构,图 3.5 为 SRAM 器件存储单元抽象的多层膜结构,给出了用于粒子输运计算的探测器几何结构。

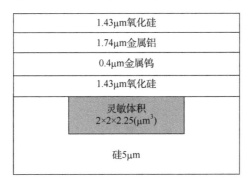

图 3.5 SRAM 器件存储单元抽象的多层膜结构[20]

使用两种计算模式:模式 1 仅考虑直接电离的影响(方块标识);模式 2 综合考虑直接电离与核反应的影响(圆形标识),即考虑核反应产物引起的单粒子翻转。如图 3.6 所示,模式 1 的计算结果表明,单粒子翻转截面在最初上升阶段比较陡峭,并且在 LET 值小于 34MeV·cm²/mg 时,计算得到的翻转截面等于零。模式 2 对应的翻转截面却向低 LET 值部分有很长的延伸,说明低 LET 值区间内的翻转是由重离子核反应引起的。

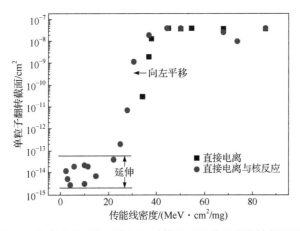

图 3.6 考虑重离子核反应与否计算得到的单粒子翻转截面[20]

进一步计算发现,考虑核反应产物的情况下,^{40}Ar、^{63}Cu、^{84}Kr 三种粒子随 LET 值变化测得的单粒子翻转截面均不是简单服从威布尔(Weibull)分布,如图 3.7 所示,其中给出了单粒子翻转截面随粒子 LET 值变化的关系曲线。特别是 ^{84}Kr 离子,当能量从 2000MeV 减小到 1000MeV 的过程中,其在硅表面的 LET 值呈现增大的趋势(从 19.32MeV·cm^2/mg 到 25MeV·cm^2/mg),此时的翻转截面升高可能是直接电离作用的结果。当 ^{84}Kr 离子能量高于 2000MeV 时(LET 值小于 19.32MeV·cm^2/mg),观测到的单粒子翻转是由重离子核反应引起的。

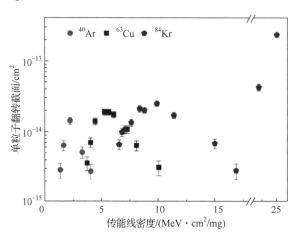

图 3.7　单粒子翻转截面随粒子 LET 值变化的关系曲线[20]

3.2.3　不同种类粒子引发的单粒子效应敏感性差异研究

真实的辐射环境,如空间辐射环境、核辐射环境等,往往不是由单一粒子组成的。为考察实验室模拟装置与真实辐射环境之间的差异,需定量研究不同种类粒子引发的效应差异。

构建了如图 3.3 所示的 SRAM 存储单元阵列作为灵敏探测器,利用图 3.8 中计算不同种类粒子引发的单粒子效应敏感性差异流程,即可以计算任意种类粒子引发的单粒子效应翻转截面。

首先进行源抽样,得到单个入射质子/中子与硅材料原子发生强制碰撞的位置。其次对入射粒子在器件中的输运过程进行模拟,得到每个灵敏区内的能量沉积,与临界能量(可由临界电荷、LET 阈值等转换而来)进行比较,如超过临界能量则判定翻转发生,得出发生翻转的存储单元数目。如果单个粒子入射引起翻转的存储单元数目等于 1,则判定发生了单粒子翻转,如果数目超过 1,则判定发生了多位翻转,多位翻转数和单粒子翻转数均加 1;重复以上过程使入射粒子的数目达到用户设定的总数目(可参考试验评估中的粒子注量)。最后计算出单粒子翻转和多位翻转的截面[13]。

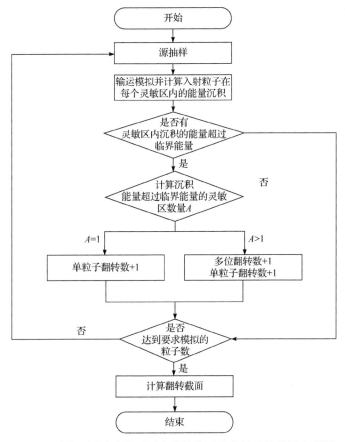

图 3.8　计算不同种类粒子引发的单粒子效应敏感性差异流程[13]

　　图 3.9 给出了相同能量质子和中子引起的单粒子翻转截面比较，从图中可以看出，粒子能量在 100MeV 以上时，质子引起的单粒子翻转截面与中子引起的单粒子翻转截面基本相同。

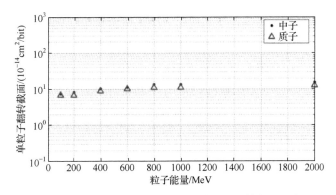

图 3.9　相同能量质子和中子引起的单粒子翻转截面比较[13]

图 3.10 进一步给出了 200MeV 质子和中子与硅材料核反应次级重离子的能量分布，可以看出，次级粒子能量分布与入射粒子是质子或中子无关，两条曲线的重合度非常高。

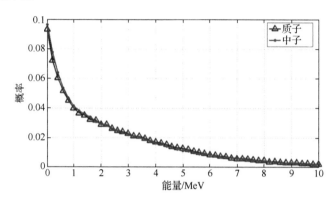

图 3.10   200MeV 质子和中子与硅材料核反应次级重离子的能量分布[13]

3.3   单粒子效应器件级仿真

单粒子效应器件级仿真的手段适用于认识载流子在器件材料中的产生、复合、收集等微观过程，分析单粒子效应失效机制。

3.3.1   单粒子效应器件级仿真基本流程

在器件级仿真中需合理添加重离子入射产生的过剩载流子时间、空间分布，作为单粒子效应器件级仿真的初始条件，也称为单粒子效应物理模型。物理模型是否准确会直接影响单粒子效应仿真结果的可信度。仿真过程中首先不考虑单粒子效应引入的过剩载流子产生复合项，求得器件在一定偏置状态下的稳态解；然后在稳态解的基础上考虑单粒子入射影响，即在模拟计算中加入过剩载流子产生复合项，求得瞬态解，得到粒子入射后产生的电流和电压随时间的变化过程。

在半导体器件仿真工具中，单粒子效应的仿真就是在粒子径迹长度范围内添加载流子的产生项，如图 3.11 和如下表达式所示：

$$G(l,w,t) = G_{LET}(l) \cdot R(w,l) \cdot T(t) \tag{3.1}$$

式中，$G_{LET}(l)$ 是电荷产生率，由传能线密度值决定；$R(w,l)$ 和 $T(t)$ 分别是载流子的空间分布函数和时间分布函数。重离子电荷产生率的时间分布函数一般服从高斯分布，空间分布函数则服从高斯分布或一阶指数分布。

时间分布函数的常用表达式如下：

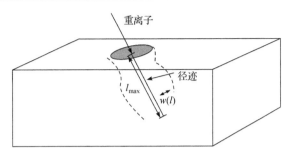

图 3.11　重离子物理模型示意图

$$T(t) = \frac{2 \cdot \exp\left[-\left(\dfrac{t - \text{time}}{s_{\text{hi}}}\right)^2\right]}{s_{\text{hi}}\sqrt{\pi}\,\text{erfc}\left(-\dfrac{\text{time}}{s_{\text{hi}}}\right)} \tag{3.2}$$

式中，time 代表电荷产生率的峰值时刻，电荷产生率以峰值时刻为中心呈对称分布；s_{hi} 代表特征时间参数，缺省值为 2×10^{-12}s。

重离子径迹的空间分布分为平行于入射方向的纵向分布和垂直于入射方向的横向分布，其中纵向的能量损失可以采用贝特–布洛赫(Bethe-Bloch)公式进行准确的估计，横向的能量沉积及产生过剩载流子的浓度分布一直是研究的焦点。

Akkerman 等[21]针对原子序数小于 26 的重离子，基于能量损失函数模型计算出在硅中的径迹横向分布，如下所示：

$$D(r) = \begin{cases} C_1(T)f(r)r^{-2.308}, & 0.16\text{nm} \leqslant r < 10\text{nm} \\ C_2(T)r^{-2.055}, & 10\text{nm} \leqslant r < 100\text{nm} \\ C_3(T)r^{-\alpha}, & 100\text{nm} \leqslant r < 1000\text{nm} \end{cases} \tag{3.3}$$

式中，$C_1(T) = 1.421\times10^5 T^{-0.913}$；$C_2(T) = 9.137\times10^4 T^{-0.9404}$；$C_3(T) = 1.402\times10^6 T^{-0.887}$；$f(r) = 1.124 - 0.223r + 0.03656r^2 - 0.00156r^3$；$\alpha = 2.7T^{-0.005}$；$T$ 是每核子能量(MeV/amu)；r 是横向半径(μm)。

常规计算中默认重离子横向径迹服从高斯分布，过剩载流子在横向尺度上的分布可以表示为

$$G(r) = \text{LET} \times \frac{1}{\pi r_{\text{t}}^2} e^{-\left(\frac{r}{r_{\text{t}}}\right)^2} \tag{3.4}$$

式中，r 是横向半径(μm)；r_{t} 是特征半径(通常取值为 0.1μm，针对超小尺寸器件开展仿真时可以适当减小该数值)。

　　利用式(3.3)计算得到不同能量 Ca 离子实际径迹过剩载流子分布与高斯分布之间的差异,如图 3.12 所示。对于能量分别为 400MeV、2800MeV 的 Ca 离子(LET 值分布在 6~1.15MeV·cm^2/mg 范围内),实际径迹分布与高斯分布之间的差异体现在:①实际径迹分布在 10nm 范围内的核心区域内更加致密,最高值可能高出 5 个量级;②实际径迹分布随径迹宽度增加的下降速度明显更加缓慢。如图 3.13 所示,在 0.1μm、0.2μm、0.3μm 范围内,沉积电荷的百分比分别为 23%、41%和 53%,与此相对应的是,高斯分布沉积电荷的百分比分别为 43%、95%和接近 100%,说明高斯分布的假设和重离子实际径迹分布之间明显存在差异。

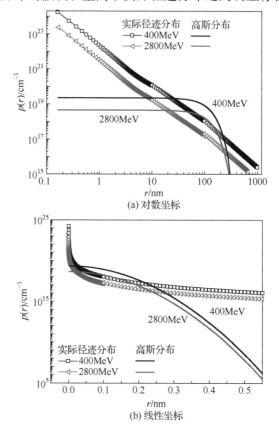

图 3.12　计算得到不同能量 Ca 离子实际径迹过剩载流子分布与高斯分布之间的差异

　　实际径迹分布中过剩载流子明显更集中,据此开展计算就需要非常高的网格密度,否则无法反映在 10nm 范围内的过剩载流子分布细节,反而会影响计算结果的精度。因此,高斯分布仍然作为常用的模型应用于单粒子效应器件级仿真中。

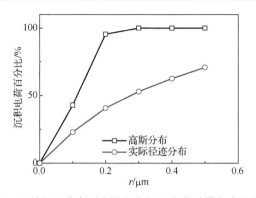

图 3.13　两种径迹分布对应沿径向沉积电荷随横向半径的变化

仿真过程中，LET 值可以设置为沿粒子径迹保持不变，也可以利用粒子输运软件计算出不同深度处的 LET 值，如简便易用的 TRIM/SRIM 工具，非常适合于计算重离子在材料中的输运过程。如图 3.14 所示，给出了 285MeV 的 Br 离子分别在硅层和多层金属布线层中输运对应的单位路径上能量损失，简单换算即可得到 LET 值沿径迹的变化关系。

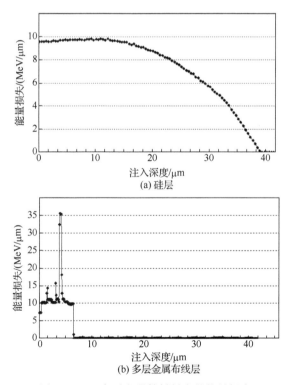

图 3.14　Br 离子在器件材料中的能量损失

3.3.2　有源区形状尺寸变化对单粒子效应敏感性的影响研究

分别考察源漏区和阱接触形状尺寸变化对器件单粒子效应敏感性的贡献。

首先是源漏区形状尺寸的影响，如图 3.15 所示，利用器件级仿真手段计算得到不同驱动能力反相器的单粒子响应，重离子轰击的位置为反偏 nMOS 管漏极中心，限定不同驱动能力的反相器中 pMOS 管和 nMOS 管的沟道长度均为 40nm，沟道宽度与长度比值均为 2，随着驱动能力的增加(或沟道宽度尺度增加)，反相器的单粒子响应脉冲(包括幅值和宽度)明显不同。

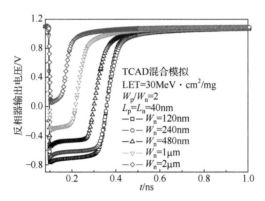

图 3.15　不同驱动能力反相器的单粒子响应

随后研究了重离子入射不同位置时单粒子瞬态脉冲的差异，如图 3.16 所示，设定典型入射位置①、②、③、④。

入射位置①(反偏漏结中心)时，漏极收集到的瞬态电流脉冲基本符合双指数电流源形式，这和经典认识是一致的，此时漂移收集占据主导地位。入射位置②(反偏漏结边缘)时，漏极电流脉冲仍基本符合双指数电流源形式，但幅值明显降低，说明漂移收集变弱。入射进一步远离漏结中心的位置③时，此时漏极电流脉冲由双峰组成，第一个峰对应峰值时刻与入射位置①、②时类似。入射更远的位

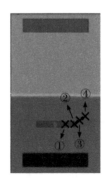

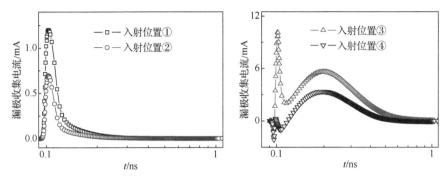

图 3.16　重离子入射不同位置时单粒子瞬态脉冲的差异

置④时，电流脉冲仍由双峰组成，但第一个峰的峰值已基本消失。对比两个电流峰峰值时间的差异，说明分别对应着漂移和扩散收集。

其次是阱接触形状尺寸的影响。实际芯片设计中阱接触的放置位置和形状可以任意设置。阱接触的结构与面积不同时，单元电路的单粒子瞬态响应可能出现很大的差异，增加阱接触面积已经成为领域内公认的一种可以部分缓解单粒子效应敏感性的有效措施。

为探讨阱接触对于 CMOS 工艺单粒子效应敏感性的贡献，首先对比混合模拟与全版图仿真方式计算反相器受重离子轰击后的瞬态响应，以确定模型构建的方式。图 3.17 给出了混合模拟与全版图仿真对比，针对单倍驱动能力反相器($W_\mathrm{p}/L_\mathrm{p}$=240nm/40nm，$W_\mathrm{n}/L_\mathrm{n}$=120nm/40nm)，执行混合模拟和全版图仿真时，对应的结构图明显不同，但两种计算方式得到的反相器常态特性之间差异性并不大。

然而，当 LET 值等于 30MeV·cm^2/mg 的重离子轰击漏极中心位置时，混合模拟和全版图仿真得到的输出电压脉冲出现了明显的差异，如图 3.18 混合模拟和全版图仿真对应单粒子响应结果所示，主要体现在平台区电压和脉冲持续时间。

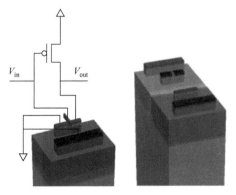

(a) 执行混合模拟和全版图仿真的反相器结构图

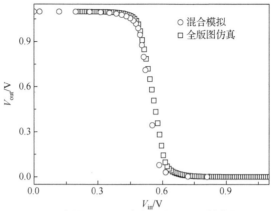

(b) 混合模拟与全版图仿真得到的反相器转移特性曲线

图 3.17　混合模拟与全版图仿真对比

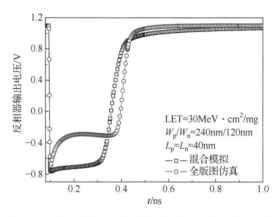

图 3.18　混合模拟和全版图仿真对应单粒子响应结果

　　对比混合模拟与全版图仿真所采用的器件模型，由于二者采用了相同的 N 阱结构与 P 型阱接触，说明阱接触相关的电势调制过程应该是相同的，因此混合模拟与全版图仿真所输出单粒子响应的差异很可能与是否考虑 N 阱及 N 阱中的 pMOS 管相关。在此基础上，考虑到 pMOS 管的漏极与源级均连接高电压，且未形成反偏结，N 型阱接触与 P 型阱接触之间等效 PN 结中发生的电荷收集成为最可能的原因。

　　图 3.19 给出了修正后混合模拟与混合模拟、全版图仿真的对比，用于验证该推论。从结构上来看，用于修正后混合模拟的器件结构除了 P 阱、nMOS 管，还包括 N 阱区域和 N 型阱接触，pMOS 管仍采用集约模型加以表征。对比混合模拟、全版图仿真和修正后混合模拟输出的反相器单粒子响应，可以看出，修正后

混合模拟能够得到与全版图仿真非常接近的仿真结果，不管是平台电压还是脉冲持续时间都非常接近。由此可见，构建和应用 CMOS 工艺单粒子效应模型时，N 阱与 P 阱之间发生的电荷收集过程同样需要加以考虑。

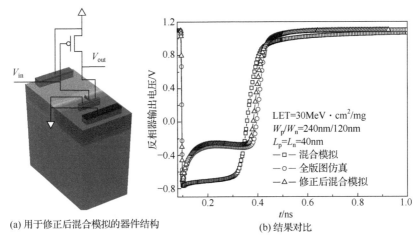

(a) 用于修正后混合模拟的器件结构　　　　　　　　(b) 结果对比

图 3.19　修正后混合模拟与混合模拟、全版图仿真的对比

　　图 3.20 给出了阱接触不同对单粒子响应的影响对比。为研究阱接触对 CMOS 工艺单粒子效应敏感性的贡献，构建了如图 3.20 所示具有环形阱接触的器件结构和具有不同宽度条带形阱接触的器件结构。当 LET 值等于 $30\text{MeV}\cdot\text{cm}^2/\text{mg}$ 的重离子轰击阱接触结构不同的反相器 nMOS 管漏极中心位置，条带形阱接触宽度大于 $1\mu\text{m}$ 时，反相器单粒子瞬态响应的脉冲持续时间与具有环形阱接触器件结构的脉冲输出相类似，反相器输出电压的平台区随阱接触宽度减小而上移。对于条带形阱接触宽度小于 $1\mu\text{m}$ 的器件结构，所输出单粒子瞬态响应的脉冲持续时间随阱接触宽度的减小而发生展宽。这说明阱接触宽度越小、密度越低，对应阱内电势的稳定程度越差，电路对于单粒子瞬态效应的敏感性就会越高。

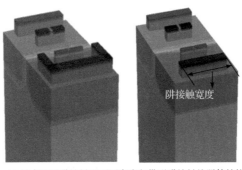

(a) 具有环形阱接触和不同宽度条带形阱接触的器件结构

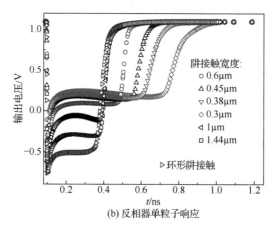

(b) 反相器单粒子响应

图 3.20　阱接触不同对单粒子响应的影响对比

　　监测了阱接触形状不同时 nMOS 管衬底电势的变化, 如图 3.21 所示, 条带形阱接触相对于方块形阱接触具有更大的阱接触面积。结果与上述推论是一致的, 增大阱接触面积对稳定阱电势具有很好的作用。

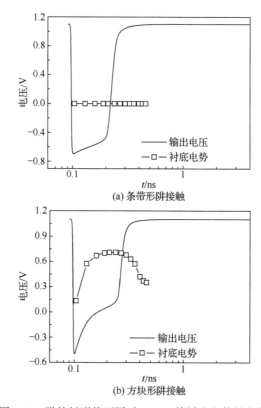

图 3.21　阱接触形状不同时 nMOS 管衬底电势的变化

计算得到阱接触面积不同时 SRAM 单元对应的翻转热点图，如图 3.22 所示，可以看出阱电势对电路单粒子翻转敏感性的调制作用。其中数据点下方实线代表单元中处于反偏状态的 PN 结边缘，实心点代表 LET=10MeV·cm²/mg 重离子入射会发生翻转的位置，内嵌十字点代表重离子入射不发生翻转的位置。随着阱接触面积的减小(①→②→③)，计算结果表现出两种不同的趋势：一方面，如图 3.22

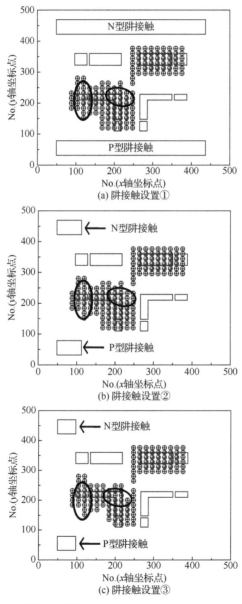

图 3.22 阱接触面积不同时 SRAM 单元对应的翻转热点图

中靠左的椭圆框中所示，某些原本不敏感的入射位置变为翻转敏感位置，增加了 SRAM 单元的翻转截面，这和常规认识相一致，认为阱电势调制导致寄生双极放大效应增强，进而增加了电路的翻转敏感性；另一方面，如图 3.22 中靠右的椭圆框中所示，某些原本敏感的入射位置变得对翻转不敏感，这是阱电势受扰动后还会导致灵敏结区内部的电场强度变弱，从而降低结区对过剩载流子的收集效率。

3.3.3　单粒子栅穿随工艺尺寸减小的趋势性变化研究

单粒子栅穿可能在功率 MOS 管、MOS 电容、反熔丝器件中引发永久性损伤，为预测氧化层电场随入射重离子 LET 值变化的依赖关系，文献中给出了近似线性的解析模型[22-23]，忽略了氧化层中的带间隧穿等机制，仅考虑氧化层与硅界面处的过剩载流子累积。利用器件级仿真手段可以研究氧化层和硅材料中过剩载流子的产生、复合、输运、收集全过程，获得更精确的计算结果[24]。

构建了研究单粒子栅穿所用的器件结构，如图 3.23 所示，重离子垂直入射于栅氧化层中心，过剩载流子将同时产生于氧化层和硅材料中。栅极接正电压且衬底接地或者负电压时，栅氧化层中产生的电子将会被栅极快速收集。

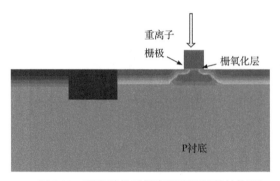

图 3.23　研究单粒子栅穿所用的器件结构[24]

首先，仅考虑漂移扩散的情况下，此时设置栅氧化层厚度 t_{ox}=2.58nm，重离子 LET=0.3pC/μm(Si)，计算得到重离子入射 4ps 后氧化层电场随径迹初始半径变化的依赖关系，如图 3.24 所示，径迹初始半径的取值对于氧化层电场的影响非常显著。

由于仅考虑漂移扩散，此时氧化层电场的产生主要是因为空穴累积，所以电场数值理论上应该近似正比于氧化层厚度，图 3.25 给出了氧化层电场随厚度变化的依赖关系，此时径迹初始半径等于 100nm，外加电场等于 5MV/cm。可以看出，二者之间确实表现出严格的线性依赖性。

图 3.26 给出了表面电势与氧化层电场随时间的变化关系，重离子入射的电荷产生率峰值时刻为 6ps，由于电子在硅材料一侧累积，3ps 时表面电势就降低到最

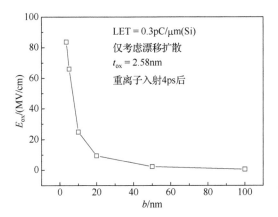

图 3.24 重离子入射 4ps 后氧化层电场随径迹初始半径变化的依赖关系[24]

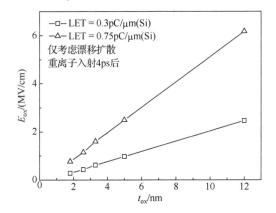

图 3.25 氧化层电场随厚度变化的依赖关系[24]

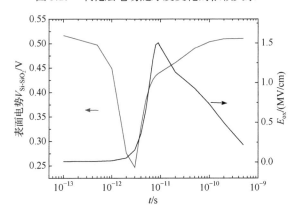

图 3.26 表面电势与氧化层电场随时间的变化关系[24]

小值，早于电荷产生率的峰值时刻。当氧化层电场达到峰值时，表面电势并没有完全恢复到初始水平。因此，表面电势的降低对于氧化层电场也存在一定的贡献。

需要说明的是，栅氧化层厚度减薄的同时，衬底掺杂浓度随之增加，符合工艺缩减的常规趋势。

接下来，在考虑漂移扩散的基础上进一步考虑过剩载流子复合，肖克利–里德–霍尔(Shockley-Read-Hall, SRH)寿命值越小，发生复合的概率就越高。图 3.27 给出了考虑漂移扩散和过剩载流子复合时氧化层电场与厚度间的依赖关系，可以看出，氧化层电场随外加电场增加而增加，随 SRH 寿命值减小而减小。

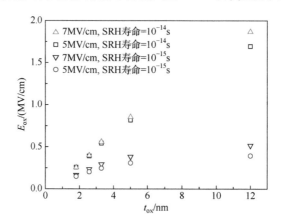

图 3.27　考虑漂移扩散和过剩载流子复合时氧化层电场与厚度间的依赖关系[24]

进一步考虑雪崩电离对薄栅氧的影响，此时考虑的因素包括漂移扩散、过剩载流子复合和雪崩电离。图 3.28 给出了考虑雪崩电离后氧化层电场增量与厚度间的依赖关系，其中氧化层电场增量定义为考虑雪崩电离前后的氧化层电场强度变化量。外加电场越强、LET 值越高、薄栅氧厚度值越大，雪崩电离的影响越显著。

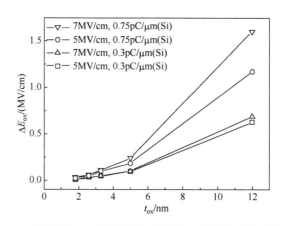

图 3.28　考虑雪崩电离后氧化层电场增量与厚度间的依赖关系[24]

接下来引入带间隧穿，氧化层电场增量定义为考虑带间隧穿前后的氧化层电场强度变化量。图 3.29 给出了考虑带间隧穿后氧化层电场增量与厚度间的依赖关系，随 LET 值的增加，带间隧穿的贡献变得更加显著。和雪崩电离不同的是，带间隧穿没有表现出与外加电场、氧化层厚度之间的依赖性。

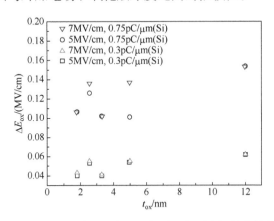

图 3.29　考虑带间隧穿后氧化层电场增量与厚度间的依赖关系[24]

考虑漂移扩散、SRH 复合、雪崩电离、带间隧穿整体的贡献后，利用文献[23]中的结果进行整体校准。一方面提取重离子径迹初始半径和 SRH 寿命的取值；另一方面验证所考虑物理模型的完备性，即是否能够实现针对实验结果的全局拟合。图 3.30 给出了仿真结果与文献[23]中结果的对比，当重离子径迹初始半径设定为10nm，SRH 寿命设定为 2×10^{-7}s，临界击穿电场等于 15MV/cm 时，仿真与文献中结果之间呈现出很好的一致性。

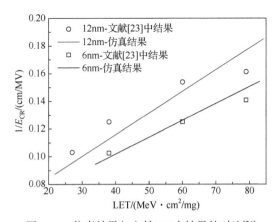

图 3.30　仿真结果与文献[23]中结果的对比[24]

利用器件级仿真手段可以方便地查看器件材料中的微观图像，图 3.31 给出了重离子入射 4ps 后电场强度、空穴密度、电子密度在氧化层中的分布，此时外加电场等于 5MV/cm，LET 值等于 0.15pC/μm(Si)。和仅考虑漂移扩散时情况不同，由于很大一部分载流子发生了复合，空穴仅在氧化层边界处富集，而不是沿径迹均匀分布。电场在氧化层中部基本保持不变，在靠近硅材料的界面处达到峰值，在靠近栅电极的界面处有所降低。

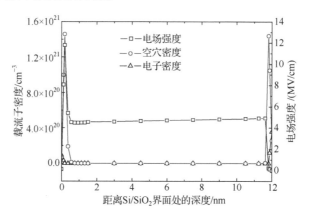

图 3.31　重离子入射 4ps 后电场强度、空穴密度、电子密度在氧化层中的分布

从以上结果中可以看出，随着栅氧化层持续减薄，并不是所有的相关物理机制都表现出相同的变化趋势。氧化层介质材料中承受的实际总电场等于氧化层电场 E_{ox}、外加电场 E_{ext}、衬底电场 E_{sub} 三者之和，当实际总电场超过临界击穿电场时，可以判定发生了单粒子栅穿。图 3.32 给出了氧化层电场、衬底电场随氧化层厚度变化的依赖关系，可以看出，外加电场和重离子 LET 取值不同时，氧化层电场随氧化层厚度增加而增大，衬底电场则表现出相反的趋势。

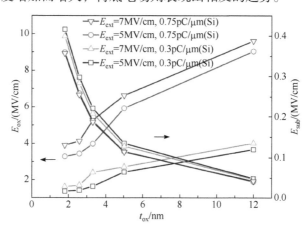

图 3.32　氧化层电场、衬底电场随氧化层厚度变化的依赖关系

图 3.33 中给出了考虑漂移扩散、SRH 复合、雪崩电离、带间隧穿后氧化层电场与厚度间的依赖关系。可以看出，随着栅氧化层厚度的减小，总电场初始表现出迅速减小的趋势，但该趋势并没有一直保持下去，当栅氧厚度降低至 3.3nm 以下时，总电场趋向于饱和，说明单粒子栅穿的概率随着工艺缩减并不会大幅增加。

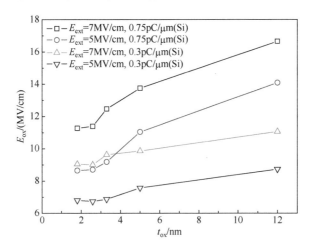

图 3.33　考虑漂移扩散、SRH 复合、雪崩电离、带间隧穿后氧化层电场与厚度间的依赖关系

3.3.4　累积辐照对单粒子翻转敏感性的影响研究

空间辐射环境是由质子、电子、重离子等组成的复杂环境，星用微电子器件可能受到总剂量效应、单粒子效应和位移损伤的影响。在地面考核试验中，通常假设不同类型的辐射效应是相互独立的，但也有大量相关报道研究了不同效应间发生协和增强的可能性。早在 1983 年，Knudson 等[25]首先研究了累积剂量对 DRAM 器件单粒子翻转敏感性的影响，其测试结果表明，DRAM 器件存储值不变的情况下，单粒子翻转截面将随着器件受累积辐照剂量的增加而减小。令人疑惑的是，Campbell 等[26]在随后针对 SRAM 器件的测试中发现，随着累积辐照剂量的增加，三类 SRAM 器件的单粒子翻转截面都表现出增大的趋势。迄今为止，相关测试结论已经屡屡被报道，但并没有表现出一致的规律。一部分结果表明，当 SRAM 器件在累积辐照阶段与重离子测试阶段保持相同的存储图形，对应的单粒子翻转截面将增大[27-30]，甚至增大两个量级[29]。另一部分结果表明，只有所存储图形全部改为相反值时，对应的单粒子翻转截面才会增大，否则翻转截面会减小[25,28-29,31]。其他结果表明，累积辐照对某些 SRAM 器件的单粒子翻转截面不会出现明显的影响[28-29]。

部分学者试图对上述的矛盾点加以解释，Bhuva 等[31]给出了相应的解析分析，但不能解释存储值相同时翻转截面增大的现象，且研究的对象是大尺寸器件，单纯考虑了累积辐照导致 MOS 管阈值电压漂移的损伤机制。Matsukawa 等[32]采用重离子微束辐照的方法开展相关研究，认为对于大尺寸器件而言，SRAM 单元中 nMOS 管和 pMOS 管的单粒子翻转敏感性将随累积辐照剂量的增加呈现出相反的变化趋势。Schwank 等[28]利用光发射光谱仪对累积辐照作用后的 SRAM 器件进行损伤分析，判定器件内部的电压转换电路对整个器件的功耗电流贡献最大，因此很可能是导致器件单粒子效应敏感性发生变化的直接原因。

下面利用器件级仿真开展相关机制分析[33]。为了研究累积剂量对 CMOS 电路单粒子效应的作用机制，首先需要了解的是累积剂量损伤对单粒子脉冲形状的影响。需要注意的是，总剂量效应的最劣偏置是 nMOS 管栅极连接高电平，瞬时单粒子效应的最劣偏置是 PN 结处于反偏状态：对于 nMOS 管而言，其中的敏感区域为连接高电平的漏极；对于 pMOS 管而言，其中的敏感区域为连接低电平的漏极。通常情况下，nMOS 管的单粒子效应敏感性要高于 pMOS 管。综合以上因素，本节中的研究对象选取为 nMOS 管，且在前期剂量累积阶段的偏置情况为栅极电压 V_g=1.8V，其他电极电压 V_d=V_s=V_b=0V，到达设定的累积剂量后，改变偏置情况为漏极电压 V_d=1.8V，其他电极电压 V_g=V_s=V_b=0V。

设定重离子沿 nMOS 管漏极中心垂直入射，LET=0.02pC/μm(Si)，特征半径为 0.1μm，初始入射时间为 20ps，特征时间为 2ps。图 3.34 给出了不同累积剂量下由单粒子入射所引发的电流脉冲波形。随着累积剂量的增加，单粒子所引发电流脉冲的峰值并没有呈现出明显的变化，不同曲线间最主要的差异体现在电流初始值，对应着单粒子入射前漏极电压 V_d=1.8V，其他电极电压 V_g=V_s=V_b=0V 时器件的漏极电流，这是由累积剂量增加后 nMOS 管截止态漏电流的增加所决定的。

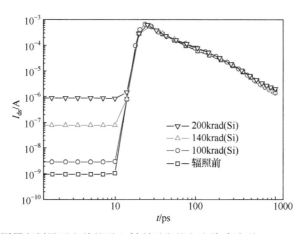

图 3.34　不同累积剂量下由单粒子入射所引发的电流脉冲波形(LET=0.02pC/μm(Si))

基于校准后的 0.18μm 器件模型，对六管 SRAM 单元执行混合仿真，定量计算不同累积剂量和不同存储图形情况下，累积剂量增加对单元单粒子敏感性的影响规律。图 3.35 为六管 SRAM 单元执行混合仿真的示意图，利用器件级仿真工具构建 SRAM 单元的中心单管 N_1、N_2、P_1、P_2。

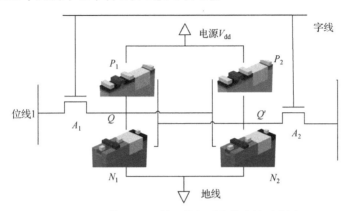

图 3.35　六管 SRAM 单元执行混合仿真的示意图

设定累积辐照阶段存储节点 Q 存储低电平，则受总剂量效应影响最严重的单管将为 N_1 管。后期重离子入射阶段，如果 Q 存储低电平(不改变偏置状况)，则对单粒子敏感的区域为 N_2 漏极和 P_1 漏极；反之，如果 Q 存储高电平，则对单粒子敏感的区域为 N_1 漏极和 P_2 漏极。重离子每次均选择对单粒子效应最敏感的晶体管漏极中心入射。

图 3.36 给出了累积辐照和重离子入射阶段节点 Q 均存储低电平时的计算结果。入射 N_2 漏极中心时，可以看出，当累积剂量为零时(辐照前)，LET 值等于 1.11MeV·cm²/mg 的重离子入射将导致 SRAM 单元发生状态翻转，Q 节点存储状态将从低电平改变为高电平。随着累积剂量的增加，这种情况逐渐发生了改变。当累积剂量为 140krad(Si)时，同样 LET 值的重离子入射将不能导致状态发生翻转，而只是出现一个瞬时的变化，一定时间后还能够恢复至初始时刻的水平。需要注意的是，当累积剂量为 60krad(Si)时，单粒子对节点存储电压的影响趋近于临界状态，电压值出现瞬时变化后将持续很长一段时间才稳定下来，该情况下 SRAM 单元最终仍然会发生状态翻转。入射 P_1 漏极中心，当累积剂量为零时，LET 值等于 2.15MeV·cm²/mg 的重离子入射将导致 SRAM 单元发生状态翻转，Q 节点存储状态从低电平改变为高电平。当累积剂量为 60krad(Si)时，单粒子扰动依然能够导致 SRAM 单元发生状态翻转，但所需时间将大大增加，即接近于临界状态。当累积剂量增加为 140krad(Si)时，同样 LET 值的重离子入射将不能导致状态发生翻转，而只是出现一个瞬时的变化，同时能够很明显地看出，累积剂量值越高，对应的电压波动越小，即发生单粒子翻转的可能性就越小。

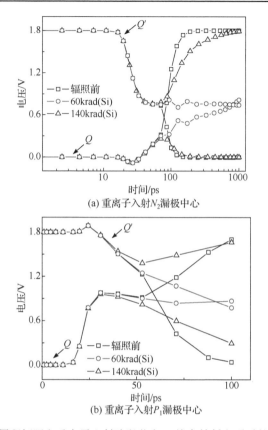

(a) 重离子入射 N_2 漏极中心

(b) 重离子入射 P_1 漏极中心

图 3.36　累积辐照和重离子入射阶段节点 Q 均存储低电平时的计算结果

图 3.37 给出了节点 Q 累积辐照阶段存储低电平、重离子入射阶段存储高电平的计算结果。入射 N_1 漏极中心，当累积剂量为零时(辐照前)，LET 值等于 $1.2\mathrm{MeV} \cdot \mathrm{cm}^2/\mathrm{mg}$ 的重离子入射不足以使 SRAM 单元发生状态翻转，Q 节点受扰动后将恢复为高电平。当累积剂量为 60krad(Si)时，Q 节点受扰动后仍然能够恢复为高电平，但可以看出其扰动幅值已经有所增加。随着累积剂量的继续增加，当累积剂量为 140krad(Si)时，同样 LET 值的重离子入射将导致状态发生翻转。入射 P_2 漏极中心，当累积剂量为零时，LET 值等于 $2.1\mathrm{MeV} \cdot \mathrm{cm}^2/\mathrm{mg}$ 的重离子入射不足以使 SRAM 单元发生状态翻转，Q 节点在一定时间后将恢复为高电平。当累积剂量为 60krad(Si)时，单粒子扰动依然无法使 SRAM 单元发生状态翻转。当累积剂量增加至 140krad(Si)时，同样 LET 值的重离子入射导致节点存储状态发生翻转，同时可以看出，累积剂量值越高，发生翻转所需的时间就越短，即发生单粒子翻转的可能性增大。

针对不同情况下(累积剂量与单粒子入射阶段的存储状态是否相同、单粒子作用位置不同)SRAM 单元的单粒子翻转敏感性开展了详细计算，依据给出的计算结

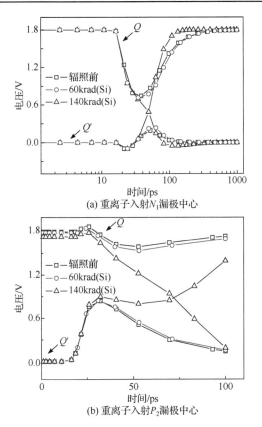

(a) 重离子入射N_1漏极中心

(b) 重离子入射P_2漏极中心

图 3.37　节点 Q 累积辐照阶段存储低电平、重离子入射阶段存储高电平的计算结果

果，可以得出如下结论：对于 SRAM 单元而言，当累积剂量与单粒子入射阶段存储相同数值时，对应的单粒子翻转敏感性将减弱；当存储相反数值时，对应的单粒子翻转敏感性将增强。

参照文献中的报道[25-31]，并不是所有 SRAM 器件的测试结果都符合上述结论，部分 SRAM 器件表征出的趋势甚至是相反的，即当累积剂量与单粒子入射阶段存储相反数值时，对应的单粒子翻转敏感性才会增强。

针对这些测试结论，有必要考虑除 SRAM 单元以外，SRAM 器件中的其他组成部分是否同样发挥了作用。参照 2006 年的相关期刊文章[29]，其中共考核测试了六款 SRAM 芯片，虽然不同芯片反映出的协同效应与不同存储数值之间影响的现象并不一致，但在另一方面给出了一致的结论，即考察总剂量/单粒子协和效应时，最劣情况下的存储数值组合对应着累积辐照作用后的 SRAM 器件的功耗电流达到最大值的情况[29]。如果累积辐照阶段 SRAM 芯片存储的数值为 55H，那么若辐照后存储 55H 时的功耗电流低于相反数值 AAH，则后期单粒子作用阶段对应翻转截面增加的存储值将为 AAH；反之，若辐照后存储 55H 时的功耗电流更高，则后期存储 55H(不改变存储状态)时器件的单粒子翻转敏感性将增大。

对于 SRAM 器件中的单元而言，令辐照前节点 Q 存储低电压，计算单粒子作用阶段节点 Q 存储不同电平时 SRAM 单元的功耗电流变化，图 3.38 给出了功耗电流随累积剂量的变化。从图中可以看出，当累积辐照与单粒子作用阶段存储相同数值时，SRAM 单元的功耗电流将基本上维持不变；当存储相反数值时，对应功耗电流将表征出明显的增长，其增长趋势与单个 nMOS 管受总剂量影响后截止态漏电流的变化相一致。可以推测，导致部分 SRAM 器件在累积辐照与单粒子作用阶段存储相同数值时功耗电流增大、存储相反数值时功耗电流减小的机制必然不是由于其中的存储单元，而是与其他内部电路密切相关。SRAM 器件的内部电路还包括灵敏放大器、译码器、IO 电路、电压转换电路等，其中灵敏放大器的结构中同样包含对接反相器，相对而言，译码器、IO 电路、电压转换电路等都属于逻辑电路，不会与存储数值的图形产生直接的联系。

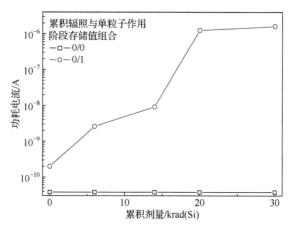

图 3.38 功耗电流随累积剂量的变化

3.4 单粒子效应电路级仿真

单粒子效应电路级仿真的主要思想是以注入瞬态电流源的形式模拟高能粒子入射电路的过程。利用电路级仿真方法可以得到高达千门级电路的电流电压响应，且具有仿真时间短、易操作、精度高等众多优点，可以实现在时间开销与仿真精度上的折中，是目前使用非常广泛的一种单粒子效应仿真手段。

3.4.1 单粒子效应电路级仿真基本流程

电路级仿真模拟的过程中，经常使用通用模拟电路仿真器(SPICE)仿真软件模拟高能粒子入射半导体后的电路响应，并分析瞬态电流脉冲对电路造成的影响。

瞬态电流源与高能粒子引发瞬态脉冲的吻合程度决定了电路级仿真的准确性。最早提出的瞬态电流源模型为矩形电流源模型，其电流脉冲波形为矩形且具有固定的持续时间[34]。但经研究者证明，矩形电流源与实际电流脉冲的误差超过 20%[35]。瞬态电流源模型中较为经典的是双指数电流源模型，此模型是 Messenger 于 1982 年提出的，并得出了双指数电流源模型表达式：

$$I(t) = I_0 \left(e^{-\alpha t} - e^{-\beta t} \right) \tag{3.5}$$

式中，I_0 为瞬态电流脉冲的最大值；$1/\alpha$ 和 $1/\beta$ 分别为电荷收集和粒子轨迹建立的时间常数。

　　研究者发现[36]，随着电路特征尺寸的逐渐减小，电路中由单粒子效应产生的瞬态脉冲波形不再符合经典的双指数电流波形，二者的差别也随特征尺寸减小越来越明显。Gaspard 等[37]指出，在 90nm 工艺下，阱接触的结构与面积变化对半导体敏感区域的电荷收集有明显的影响。此外，Black 等[38]发现重离子轰击电路不同位置时，产生的瞬态电流脉冲波形不同。也有研究表明，小尺寸工艺的电路单元中寄生双极放大效应明显强于特征尺寸大的电路单元[39]。在寄生双极放大效应的作用下，器件敏感结区内的电荷收集方式变得更加复杂。电路特征尺寸减小后，单粒子瞬态电流脉冲波形受到众多因素的共同作用，这对电路的模拟仿真工作形成了巨大的阻碍，迫切需要更加全面、准确的仿真方法。Balbekov 等[39]和 Kauppila 等[40]提出，通过构建连接电源与地阱接触之间的电流通路，包括阱之间的收集电流脉冲，阱接触、阱边界和入射位置等虚拟节点之间的电阻网络，用于监测有源区的局部、瞬时阱电势，以此为基础计算单元内寄生双极放大效应对于直接电荷收集的增强程度。Kauppila 等[41]还提出需考虑实际电路的反馈作用，即高能粒子入射后皮秒量级内，除了连接电源/地/输入向量的端点，其他受影响的节点电压将发生瞬时变化，从而抑制结区的漂移收集。

　　重离子入射版图不同位置时电流脉冲重构方法的研究思路[42]如图 3.39 所示。重离子入射版图不同位置时，首先重构周围所有 PN 结区连接恒定偏压情况下的漂移电流与扩散电流 G_{sd}；其次将 G_{sd} 注入 Verilog-A 语言描述的子电路组件模型，输出考虑节点偏压动态变化的电流脉冲 G_{bd}；最后对待研究电路的网表进行有针对性的修改，将 G_{bd} 注入 PN 结区与 P 阱/N 阱之间，考虑阱接触之间的瞬态电流脉冲 G_{well} 和电阻网络，模拟阱电势调制与寄生双极放大效应，执行仿真即可评价待研究电路的单粒子效应敏感性。

　　引入无量纲漂移因子作为二维自变量，用于参数化漂移收集对应的电荷总量和脉冲时间特征，漂移因子表征直接入射到有源区的过剩载流子比例，可以通过求取有源区离散化后积分，计算漂移因子数值的示意图如图 3.40 所示。

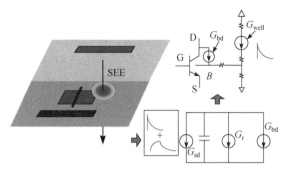

图 3.39　重离子入射版图不同位置时电流脉冲重构方法的研究思路

SEE 为单粒子效应

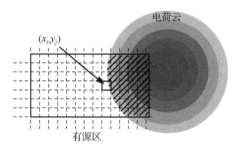

图 3.40　计算漂移因子数值的示意图

　　假设过剩载流子形成的电荷云横向分布符合高斯分布，漂移因子的解析表达式可以表示为

$$\text{Drift\_factor} = \frac{\sum_{x_i}\sum_{y_j} e^{-\frac{(x_i - x_0)^2 + (y_j - y_0)^2}{R_0^2}} \mathrm{d}x_i \mathrm{d}y_j}{\sum_{x_i}\sum_{y_j} \mathrm{d}x_i \mathrm{d}y_j} \tag{3.6}$$

式中，(x_0, y_0)表示入射点坐标；(x_i, y_j)表示选定有源区离散区域的中心坐标；R_0 表示电荷云横向分布的特征半径。

　　对于电荷云和有源区明显重合的入射位置(此时与以有源区与入射位置为圆心、以高斯分布特征半径为半径的圆形区域有交叠)，漂移收集占据主导地位。单粒子电流脉冲参数随漂移因子的变化关系如图 3.41 所示，此时无论是 nMOS 漏极电流脉冲，还是 pMOS 漏极电流脉冲，总收集电荷和下降时间均表现出和漂移因子极强的线性依赖关系。说明利用二维漂移因子参数化漂移电流脉冲是合理的。

　　引入无量纲扩散因子作为二维自变量，用于参数化扩散收集对应的电荷总量和脉冲时间特征，扩散因子表征过剩载流子能够通过扩散作用到达灵敏区被收集的比例，如图 3.42 所示，对于电荷云中的离散化区域 A_{th}，该部分过剩载流子能

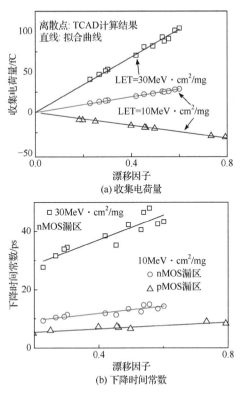

(a) 收集电荷量

(b) 下降时间常数

图 3.41　单粒子电流脉冲参数随漂移因子的变化关系

够扩散至有源区离散化区域 B_{th} 的可能性正比于 $\exp(-d^2/4Dt)$，其中 d 为离散化区域 A_{th}、B_{th} 之间的间距，D 和 t 均为扩散常数，参照文献可知，二者取值分别约为 $18\mathrm{cm}^2/\mathrm{s}$ 和 $3\times10^{-10}\mathrm{s}$。扩散因子可以表示为

$$\mathrm{Diffusion\_factor}=\frac{\displaystyle\sum_{x_i}\sum_{y_j}\sum_{x_k}\sum_{y_l}\mathrm{e}^{-\frac{(x_i-x_k)^2+(y_j-y_l)^2}{4Dt}}\cdot\mathrm{e}^{-\frac{(x_i-x_0)^2+(y_j-y_0)^2}{R_0^2}}\mathrm{d}x_k\mathrm{d}y_l}{\displaystyle\sum_{x_k}\sum_{y_l}\mathrm{d}x_k\mathrm{d}y_l} \tag{3.7}$$

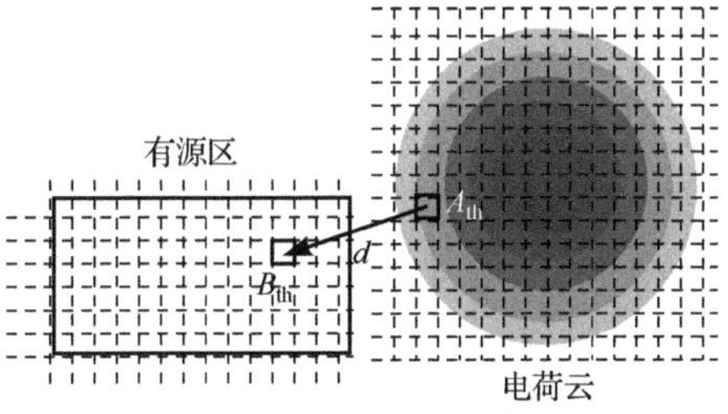

图 3.42　计算扩散因子数值的示意图

式中，(x_0, y_0) 代表入射点坐标；(x_i, y_j) 代表以入射位置为中心、电荷云中的离散化区域 A_{th} 的中心坐标；(x_k, y_l) 代表有源区离散化区域 B_{th} 的中心坐标；R_0 代表电荷云横向分布的特征半径。

对于电荷云远离有源区的入射位置，扩散收集占据主导地位。图 3.43 给出了单粒子电流脉冲总电荷量随不同参数的变化关系，图 3.43(a) 可以看出部分数据点明显偏离线性拟合曲线，图 3.43(b) 给出了更多的计算细节，随着有源区与阱间距之间距离的增加，这种偏离或扰动明显变强，这说明有源区电荷收集过程明显受到了 N 型阱接触与 P 型阱接触之间电荷收集的调制作用影响。

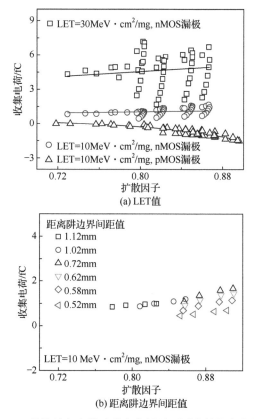

图 3.43　单粒子电流脉冲总电荷量随不同参数的变化关系

除此之外，当扩散收集占主导时，下降时间常数和脉冲延迟时间均与距离阱边界间距值表现出唯一的相关性，单粒子电流脉冲时间参数与距离阱边界间距值的依赖关系如图 3.44 所示，近似服从指数关系。

连接恒定偏压情况下的漂移电流与扩散电流重构完成后，还需要将其转化为考虑节点偏压动态变化影响后的电流脉冲，采用半物理-半解析的思路开展该部

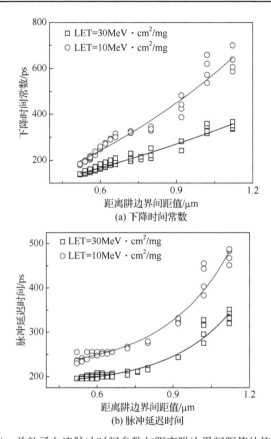

图 3.44 单粒子电流脉冲时间参数与距离阱边界间距值的依赖关系

分工作。电路中最敏感的节点是处于反偏状态时的 PN 结，当重离子轰击 PN 结时，首先，过剩载流子在该区域内迅速累积；其次，过剩载流子部分被漂移收集，部分发生复合；再次，收集过剩载流子导致漏极电压迅速降低，并由此对漂移收集产生抑制作用；最后，漏极电压降低还导致处于导通状态的 pMOS 管驱动电流增加，该反馈作用抑制漏极电压继续降低，从而导致漏极电流在一定时间内维持不变。

采用行为级模型建模的子电路示意图如图 3.45 所示，I_{pn} 代表 nMOS 管漏极连接恒定偏压时的漏极电流，此时漏极电流服从双指数电流源的形式；利用储能电容 C 描述过剩载流子在漏极–衬底 PN 结迅速累积的过程；I_{recom} 用于表征通过复合过程消耗掉的部分过剩载流子；最后，I_{see} 即代表真实接入漏极–衬底 PN 结的瞬态电流。需要注意的是，由于 I_{see} 被人为注入处于实际电路的漏极–衬底 PN 结中，在电路仿真的过程中能够考虑到电路的反馈作用，无须在模型中添加额外的描述。

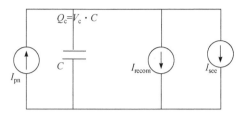

图 3.45　采用行为级模型建模的子电路示意图

图 3.46 给出了子电路调制前后的电流脉冲典型形状，相对于连接恒定偏压情况下得到的瞬态电流脉冲，调制后电流脉冲中平台区的出现说明模型能够反映电路反馈的影响。

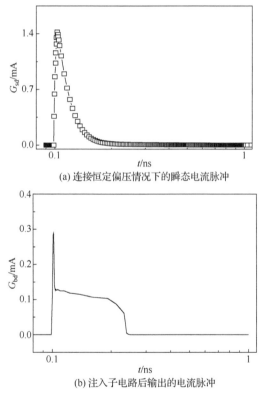

(a) 连接恒定偏压情况下的瞬态电流脉冲

(b) 注入子电路后输出的电流脉冲

图 3.46　子电路调制前后的电流脉冲典型形状

子电路中所涉及的待拟合参数包括储能电容 C 的电容值、复合系数 see_recom、系数 F 和 fF，各拟合参数的数值均不随 LET 值的变化而变化。可以依据 TCAD 混合模拟得到的反相器输出电流和电压脉冲提取单粒子效应模型中的参数取值。表征阱接触影响时，在嵌入单粒子效应模型子电路的同时，在晶体管 P 型阱接触端与衬底端之间连接等效电阻 $R_\text{p-well}$，计算等效电阻对反相器单粒子响应的影响如图 3.47 所示。假如采用这种思路，电路仿真结果表明，随着 $R_{\text{p-well}}$ 电阻值的增加，反相器输出电压脉冲的平台电压持续增加，但脉冲宽度基本维持不变。

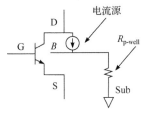

(a) 连接等效电阻模拟电势调制效应影响的示意图

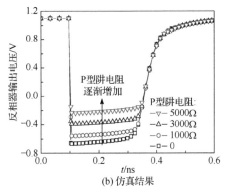

(b) 仿真结果

图 3.47　计算等效电阻对反相器单粒子响应的影响

计算所得的趋势与常规认识并不一致，P 型阱电阻发生变化时，不仅会对平台电压产生影响，同时还会显著改变单粒子瞬态脉冲的宽度。因此，简单通过在晶体管 P 型阱接触端与衬底端之间连接等效电阻的方式不足以反映阱接触的影响。此时还必须考虑 N 阱与 P 阱之间的电荷收集。

修正后等效模型如图 3.48 所示，提出在 N 型与 P 型阱接触之间构建完整的电流通路，在晶体管漏极与衬底间嵌入单粒子效应子电路的基础上，在 N 型与 P 型阱接触之间同时连接等效电阻和等效电流源。

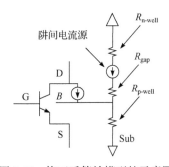

图 3.48　修正后等效模型的示意图

　　采用虚拟探针法提取等效电阻阻值，等效模型中包含 N 型阱电阻 $R_{\text{n-well}}$、阱间电阻 R_{gap} 和 P 型阱电阻 $R_{\text{p-well}}$。以 $R_{\text{p-well}}$ 为例，在 nMOS 管漏极底部和 P 型阱接触中心位置分别放置虚拟探针，利用 TCAD 仿真计算探针电流随电势差的变化曲线，求取不同阱接触对应的阱电阻阻值如图 3.49 所示，给出了不同阱接触宽度对应的电流–电压曲线，分别对曲线进行拟合就得到 P 型阱电阻阻值，可以看出，加固型阱接触对应的电阻阻值明显低于条形阱接触情况。

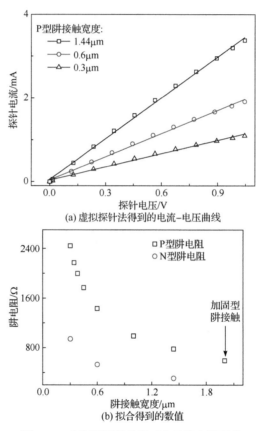

图 3.49　求取不同阱接触对应的阱电阻阻值

　　阱接触之间的等效电流源对于准确描述阱接触对单粒子效应模型的影响非常关键。由于 N 型阱接触和 P 型阱接触均连接固定电压，因此二者之间的电流应该满足双指数电流源假设。图 3.50 给出了不同结构阱接触对应的阱收集电流，可以看出，随着阱接触宽度降低，电流脉冲发生了展宽，同时峰值电流随之降低。利用等效模型执行电路仿真时发现，等效电流源的下降时间常数对单粒子瞬态模型输出端的电压脉冲平台形状影响很大，而上升时间常数基本不产生影响。因此，最重要的是依据全版图器件仿真数据校准得到等效电流源的幅值和下降时间常数参数值。

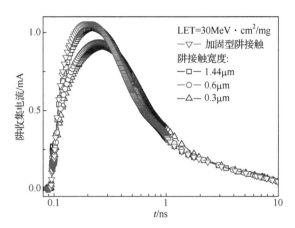

图 3.50　不同结构阱接触对应的阱收集电流

由于修正模型中的各项参数均与阱接触结构相关，而核心单管单粒子瞬态模型不应随阱接触结构的变化而变化，因此，采用加固型阱接触结构的全版图仿真数据对 nMOS 管漏极与 P 型阱接触之间的单粒子瞬态电流模型进行模型校准。对应其他阱接触结构时，引入增益值作为等效参数表征对阱电势调制效应影响的等效计算，增益的具体数据等于实际阱接触结构对应漏极瞬态电流与保护环结构阱接触对应电流的比值。图 3.51 给出了全版图仿真计算得到的对应不同阱接触结构的漏极电流，可以看出，随着阱接触宽度的降低，漏极电流脉冲出现了明显的展宽。利用等效模型执行电路仿真中发现，阱电阻对单粒子响应的脉冲持续时间影响很大。

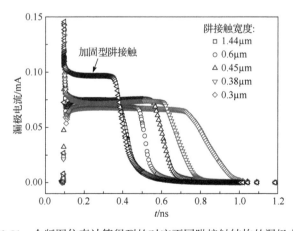

图 3.51　全版图仿真计算得到的对应不同阱接触结构的漏极电流

总的来说，阱接触结构确定后，首先应该依据虚拟探针法确定等效模型中的各等效电阻值，参数取值直接决定输出电压脉冲的平台区电压；在此基础上，依据不同 LET 值与不同阱接触结构下的阱间瞬态电流校准得到阱间电流源的幅值和下降时间常数，参数取值主要影响输出电压脉冲的平台区形状；随后，依据保护环加固阱接触结构对应的全版图仿真输出电压脉冲校准得到核心单元单粒子效应模型中的参数取值，该过程在其他阱接触结构情况下无需重复开展；最后，根据不同阱接触情况下阱间瞬态电流的平台幅值确定增益参数的取值。

依据上述原则，表 3.2 给出了 LET=30MeV·cm²/mg 情况下的修正模型参数，执行电路仿真就能得到单元电路的单粒子响应。

表 3.2　LET=30MeV·cm²/mg 情况下的修正模型参数

参数	加固型阱接触	P 型阱接触宽度					
		1.44μm	1μm	0.6μm	0.45μm	0.38μm	0.3μm
$R_{\text{p-well}}/\Omega$	595	781	990	1430	1769	1995	2440
G_{well} 峰值电流/mA		1.205		0.9		0.73	
G_{well} 下降时间常数/ns		0.3		0.6		0.7	
增益	1	1.05	1.1	2.2	3.8	6.8	20

图 3.52 给出了全版图器件仿真与电路仿真所输出单粒子响应的对比，其中离散数据点代表重离子入射反相器 nMOS 管反偏漏结中心情况下全版图器件仿真所得的反相器输出电压脉冲，曲线则代表电路仿真得到的结果。可以看出，二者之间的吻合程度较好，特别是能够给出平台电压、平台形状和脉冲宽度的合理估计。这说明修正模型能够反映实际阱接触对于单粒子瞬态模型的影响。

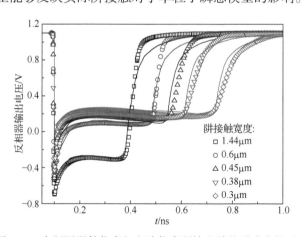

图 3.52　全版图器件仿真与电路仿真所输出单粒子响应的对比

总的来说，为模拟阱电势调制及其诱发的寄生双极放大和灵敏结区电荷收集受到抑制的效应，对待研究电路的网表进行有针对性修改时，除了将考虑电路反馈作用的瞬态电流脉冲注入 PN 结区与 P 阱/N 阱之间，还需要在 N 型阱接触与 P 型阱接触之间构建完整的电流通路，考虑阱间电流源和等效电阻网络的示意图如图 3.53 所示，其中还标示出了不同阱之间处于反偏状态的等效二极管。

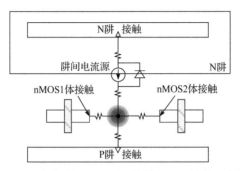

图 3.53　考虑阱间电流源和等效电阻网络的示意图

为考虑辐照过程中工作电压的影响，有必要建立单粒子瞬态特性与工作电压之间的关系。当重离子穿过无限大反偏 PN 结时，产生的瞬态电流可以描述为

$$\begin{cases} I(t) = -q\mu N E_0 \left[\exp(-\alpha t) - \exp(-\beta t)\right] \\ E_0 = \sqrt{2qN_D(V_A + \phi_0)/k\varepsilon_0} \end{cases} \tag{3.8}$$

式中，V_A 代表外加电压；ϕ_0 代表内建电势；$1/\beta$ 代表重离子径迹建立所需的时间常数。

可以推断，漂移收集电流的峰值 $\propto \sqrt{(V_A + \phi_0)}$，表现出与工作电压很强的依赖关系，而电流脉冲的上升时间参数与工作电压无关。

以 40nm 商用体硅 CMOS 工艺为例，其标称工作电压等于 1.1V。图 3.54 为不同工作电压下电流脉冲参数随漂移因子的变化关系。随着工作电压数值增大，

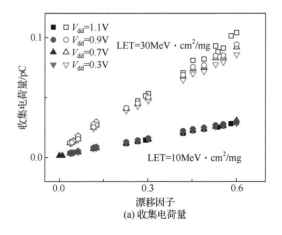

(a) 收集电荷量

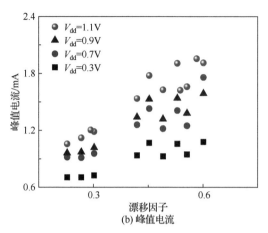

(b) 峰值电流

图 3.54　不同工作电压下电流脉冲参数随漂移因子的变化关系

峰值电流随之增加，但收集电荷量基本不变，预示着瞬态电流脉冲宽度的减小。

根据式(3.8)，任意工作电压 V_m 情况下，峰值电流 I_{peak,V_m} 和下降时间参数 t_{2,V_m} 的数值可以基于工作电压 V_{dd} 情况下的数值 $I_{peak,V_{dd}}$ 和 $t_{2,V_{dd}}$ 的计算得到：

$$I_{peak,V_{dd}} = Q \Bigg/ \left\{ (t_{d2} - t_{d1}) + (t_{2,V_{dd}} - t_1) \cdot \left[1 - \exp\left(-\frac{t_{d2} - t_{d1}}{t_1} \right) \right] \right\} \tag{3.9}$$

$$I_{peak,V_m} = I_{peak,V_{dd}} \cdot \sqrt{(V_m + \phi_0)/(V_{dd} + \phi_0)} \tag{3.10}$$

$$t_{2,V_m} = t_1 + \frac{Q / I_{peak,V_m} - (t_{d2} - t_{d1})}{1 - \exp\left(-\dfrac{t_{d2} - t_{d1}}{t_1} \right)} \tag{3.11}$$

图 3.55 为重构得到的峰值电流和下降时间常数值，可以看出和 TCAD 仿真结果之间的一致性很好。

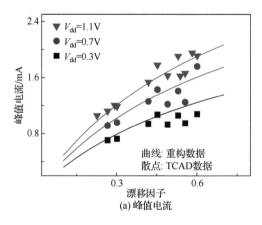

(a) 峰值电流

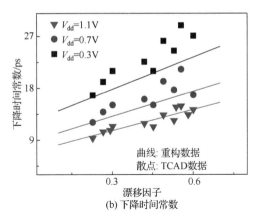

图 3.55　重构得到的峰值电流和下降时间常数值

基于以上分析和建模,确立了体硅 CMOS 工艺单粒子效应电路级仿真的完整流程并编程加以实现,输入文件包括待研究工艺设计套件(PDK)模型和电路版图,输出文件包括单粒子效应敏感区域热点图、翻转截面数据和电路瞬态响应等,体硅 CMOS 工艺单粒子效应电路级仿真的完整流程如图 3.56 所示。所确立的仿真流程包含两大部分:模型库构建和电路单粒子效应敏感性评价。

模型库构建部分首先基于 PDK 模型卡通过校准晶体管电学特性获取器件级仿真所需结构和掺杂信息。其次,结合器件级仿真提取阱电阻随阱接触宽度和间距的解析表达式,同时构建 nMOS 管和 pMOS 管三维 TCAD 模型,仿真重离子入射不同位置时单个晶体管的瞬态响应,提取有源区瞬态电流脉冲的收集电荷和时间参数随漂移因子、扩散因子的相关关系表达式,提取阱间瞬时电流脉冲的收集电荷和时间参数随与阱边界间距的相关关系表达式。最后,利用 Verilog-A 语言编写描述电路反馈作用的子电路模型,基于反相器瞬态响应校准得到子电路模型中的待定参数取值。

电路单粒子效应敏感性评价部分首先对电路版图进行离散化,离散化后的每个格点均作为待研究的重离子入射点。选定任一入射点后,与以入射点为圆心、以 1μm 为半径(数值可调)的圆形区域范围有交集的所有有源区均自动计算漂移因子、扩散因子、与阱边界处及入射点的相对距离,通过调用模型库中的解析表达式重构各有源区的瞬时电流脉冲,幅值高于 0.1μA(数值可调)时对应有源区将通过调用模型库中 Verilog-A 编制的子电路模型将扰动注入电路节点中。与此同时,在 N 型阱接触与 P 型阱接触间引入计算出的瞬时电流源和电阻网络,用于实时监测各有源区衬底电势的变化并定量评价双极放大效应带来的影响。在此基础上执行电路仿真即可评价待研究电路的单粒子响应,记录瞬态波形或监测是否发生状态翻转。通过遍历所有入射点即可获取电路的单粒子效应敏感区域翻转热点图和翻

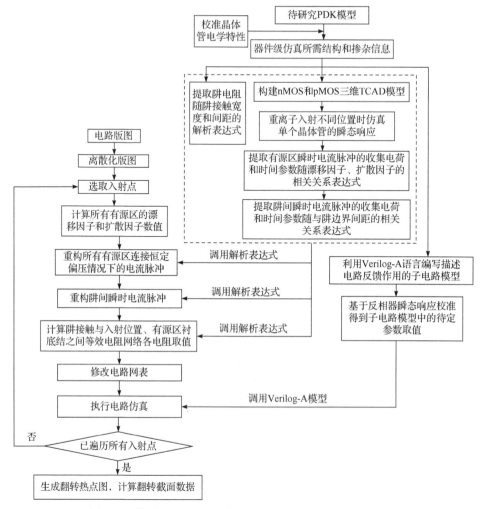

图 3.56　体硅 CMOS 工艺单粒子效应电路级仿真的完整流程

转截面数据。

　　在 nMOS 管附近区域随机选取四个入射点，分别命名为①~④，图 3.57 为 nMOS 管漏极电流脉冲的重构结果，重构得到入射 nMOS 管附近不同位置处的漏极电流脉冲，通过对比重构数据与 TCAD 仿真结果，可以看出，二者之间的一致性较好，能够反映漂移收集和扩散收集的双峰组分。

　　针对简单反相器电路开展计算，利用重构得到入射 nMOS 管附近不同位置处的漏极电流脉冲作为注入项，考虑电路反馈、阱电势调制等因素后最终得到反相器输出电压的瞬态响应，反相器输出电压瞬态扰动的重构结果如图 3.58 所示，可以看出，重构结果与 TCAD 仿真结果符合较好。

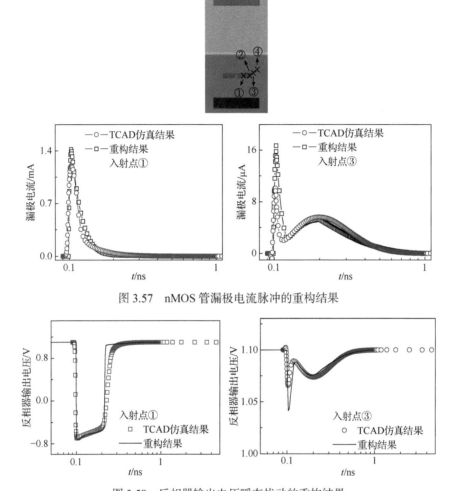

图 3.57　nMOS 管漏极电流脉冲的重构结果

图 3.58　反相器输出电压瞬态扰动的重构结果

利用多种方式开展了电路级仿真结果的校验，计算了具有条形阱接触和方块形阱接触的四级反相器链在 LET=10 MeV·cm²/mg 重离子轰击下瞬态脉冲宽度的分布，给出了统计结果和对应高斯分布拟合曲线，图 3.59 给出了四级反相器链电路仿真与 TCAD 仿真得到的瞬态脉冲宽度分布。对于具有条形阱接触的四级反相器链，电路仿真和 TCAD 仿真得到瞬态脉冲宽度的平均值分别为 96.7ps 和 102.0ps。阱接触面积减小后(方块形阱接触)，单粒子瞬态脉冲发生了明显展宽，此时电路仿真和 TCAD 仿真得到的瞬态脉冲宽度均值分别为 119.6ps 和 128.0ps，二者之间偏差在 10%范围以内。

重离子入射反相器链两个 nMOS 管和 pMOS 管中间位置时，当两个 MOS 管之间间距(DA)相邻足够近时(仍需满足版图设计规则)，很可能发生脉冲猝熄现象。

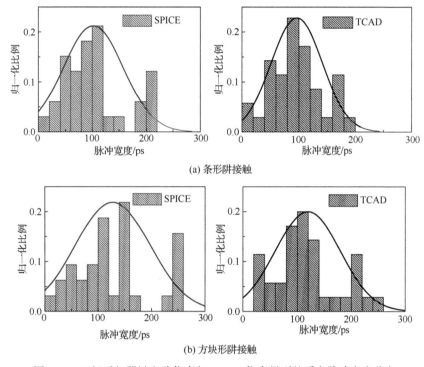

(a) 条形阱接触

(b) 方块形阱接触

图 3.59　四级反相器链电路仿真与 TCAD 仿真得到的瞬态脉冲宽度分布

图 3.60 给出了重离子入射四级反相器链不同位置处计算结果，此时重离子 LET=10MeV·cm²/mg。当间距值 DA=0.4μm 时，电路仿真和 TCAD 仿真符合较好，而当间距值 DA=0.15μm 时，电路仿真和 TCAD 仿真结果均表征出相对于宽间距情况下瞬态脉冲宽度变窄的现象，这与文献中报道的由于电荷共享引发的脉冲猝熄现象相一致，说明电路仿真同样可以预测 nMOS 管间距不同时单粒子瞬态脉冲的传播。

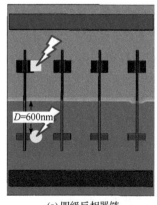

(a) 四级反相器链

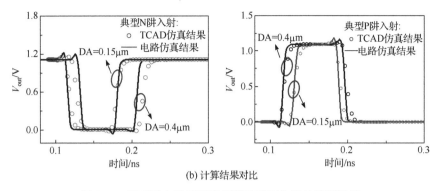

(b) 计算结果对比

图 3.60　重离子入射四级反相器链不同位置处计算结果

当工作电压从 1.1V 降低至 0.7V 时，仍能够给出相对一致的对比结果，工作电压降为 0.7V 四级反相器链计算结果如图 3.61 所示。

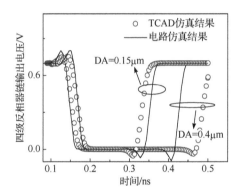

图 3.61　工作电压降为 0.7V 四级反相器链计算结果

另外，利用电路仿真和 TCAD 仿真分别计算了四级反相器链中 nMOS 管间距 DA 分别为 0.2μm 和 0.1μm 情况下的瞬态脉冲宽度，图 3.62 给出了四级反相器链单管间距为 0.2μm 和 0.1μm 情况下脉冲宽度差值，此时重离子 $LET = 10MeV \cdot cm^2/mg$，

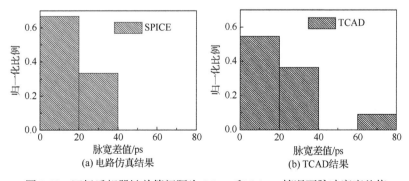

图 3.62　四级反相器链单管间距为 0.2μm 和 0.1μm 情况下脉冲宽度差值

电路仿真同样能够很好地复现 TCAD 仿真输出的结果,快速给出单粒子效应敏感性评价结果。

图 3.63 给出了重离子入射三输入或非门不同位置处计算结果,同样验证了电路仿真结果的可信性。

(a) 三输入或非门

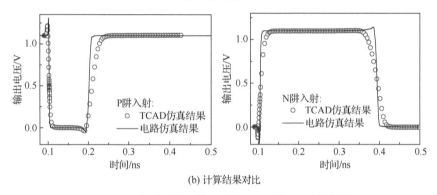

(b) 计算结果对比

图 3.63　重离子入射三输入或非门不同位置处计算结果

利用电路仿真得到 LET=10MeV · cm^2/mg 重离子轰击情况下的计算结果,图 3.64 给出了 40nm 工艺 SRAM 单元的单粒子翻转热点图。可以看出,敏感区域位于反偏 PN 结周围,但明显比反偏结面积更大,电路仿真结果与 TCAD 全版图仿真结果符合较好。

利用电路仿真评价 40nm D 触发器的单粒子翻转敏感性,同时与实测数据进行对比校验。图 3.65 给出了 40nm D 触发器单粒子翻转截面的实测结果与电路仿真结果,其中包括工作电压等于 1.1V 情况下四个 LET 值点的翻转截面数据和工作电压等于 0.9V、0.7V 情况下 LET=2.19MeV · cm^2/mg 对应的翻转截面数据。可以看出,仿真结果与实测数据之间的符合程度较好,验证了所构建纳米体硅 CMOS 工艺单粒子效应电路级仿真方法的合理性。

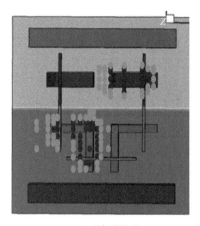 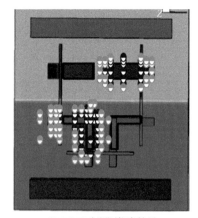

(a) 电路仿真结果　　　　　　　　　　(b) TCAD全版图仿真结果

图 3.64　40nm 工艺 SRAM 单元的单粒子翻转热点图

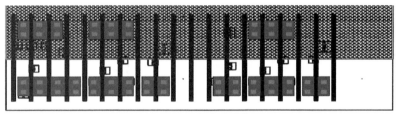

(a) 40nm D触发器版图

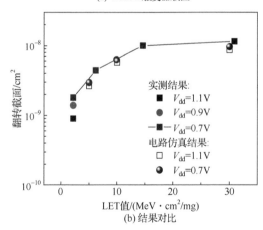

(b) 结果对比

图 3.65　40nm D 触发器单粒子翻转截面的实测结果与电路仿真结果

利用电路仿真计算得到不同 LET 值、工作电压情况下 D 触发器单元翻转截面热点图，如图 3.66 所示。通常这类热点图是通过 TCAD 仿真得到的，需要耗费很长的计算时间。相对 TCAD 仿真单点需要数个小时到十几个小时的计算时间，电路仿真单点所需的时间小于 1s。

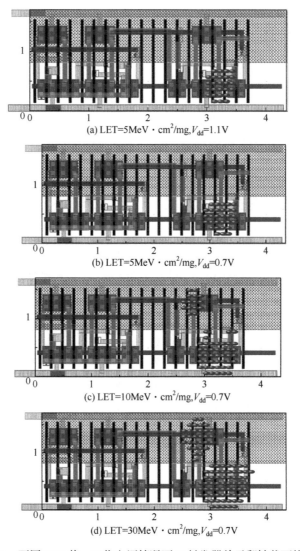

(a) LET=5MeV · cm^2/mg,V_{dd}=1.1V

(b) LET=5MeV · cm^2/mg,V_{dd}=0.7V

(c) LET=10MeV · cm^2/mg,V_{dd}=0.7V

(d) LET=30MeV · cm^2/mg,V_{dd}=0.7V

图 3.66　不同 LET 值、工作电压情况下 D 触发器单元翻转截面热点图

3.4.2　驱动能力对标准单元单粒子效应敏感性的影响研究

　　标准单元库中包含的标准单元种类繁多，且驱动能力往往不止一种。在逻辑综合时，通过添加不同驱动能力的单元可以使电路更加优化，以得到需要的电学性能。研究驱动能力对标准单元单粒子效应敏感性的影响有助于芯片整体实现抗辐射加固能力的提升。

　　或非门是标准单元中的逻辑门单元之一，两个输入端设置为 A 和 B 端口，或非门处于不同逻辑状态(A、B 端口连接不同逻辑电平)时，图 3.67 给出了单倍驱动能力或非门单粒子效应敏感区域热点图,仿真中设置的 LET 值为 30MeV·cm²/mg,图中实心点覆盖的区域为或非门中发生单粒子瞬态效应的区域,其敏感区域集中分布于 nMOS 晶体管的漏极区域。输出为高电平时,或非门的敏感区域均分布于 pMOS 晶体管区域,其中 $A0B1$ 状态下的敏感区域最大。

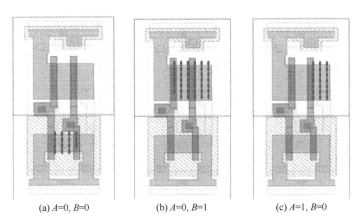

(a) A=0, B=0　　　　　　(b) A=0, B=1　　　　　　(c) A=1, B=0

图 3.67　单倍驱动能力或非门单粒子效应敏感区域热点图

为研究驱动能力变化对或非门单粒子效应敏感性的影响,对三种驱动能力的或非门进行单粒子效应仿真,图 3.68 给出了不同驱动能力或非门敏感区域面积与单元版图面积之比,即驱动能力分别为 1X、2X 和 4X 的或非门在 LET 值为 30MeV·cm²/mg 时,发生单粒子瞬态效应的敏感区域面积与单元版图面积之比(敏感面积比)。可以看出,随着驱动能力逐渐增大,或非门的敏感面积比呈单调递减的趋势,即随驱动能力增加,或非门的敏感区域面积变化的速度比单元版图面积变化速度慢,其单粒子敏感性有所减弱。

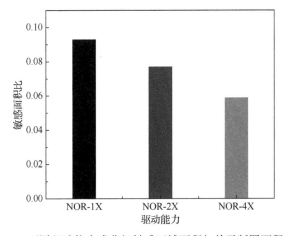

图 3.68　不同驱动能力或非门敏感区域面积与单元版图面积之比

不同驱动能力或非门的单粒子瞬态平均脉冲宽度如图 3.69 所示，在任一驱动能力下，或非门的平均脉宽排序依次是 $A0B0$ 状态的平均脉宽值最大，$A0B1$ 状态时次之，紧接着是 $A1B0$ 状态下的平均脉宽，$A1B1$ 的平均脉宽最小。随驱动能力的增加，$A0B1$、$A1B0$ 和 $A1B1$ 的平均脉宽逐渐减小，4 倍驱动能力时，这三种逻辑状态下的脉冲数量降至 0。当或非门的逻辑状态为 $A0B0$ 时，2 倍驱动能力时的平均脉宽要略大于单倍驱动能力的值，但 4 倍驱动能力时的平均脉宽明显小于单倍和 2 倍驱动能力时的平均脉宽。随驱动能力增加，或非门的单粒子敏感性逐渐减弱，高驱动能力的或非门单元具有较强的抗单粒子效应性能。

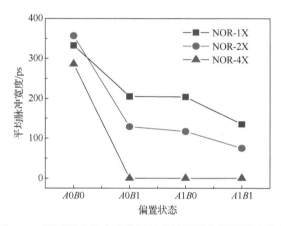

图 3.69 不同驱动能力或非门的单粒子瞬态平均脉冲宽度

图 3.70 为单倍驱动能力与非门单粒子效应敏感区域热点图。三种输入状态下，对应输出均为高电平，三种逻辑状态下敏感区域主要分布于 nMOS 晶体管区域。

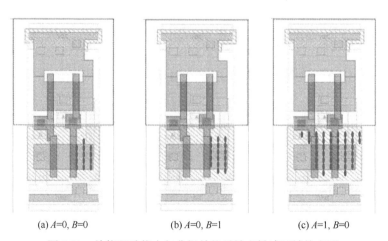

(a) $A=0, B=0$ (b) $A=0, B=1$ (c) $A=1, B=0$

图 3.70 单倍驱动能力与非门单粒子效应敏感区域热点图

图 3.71 给出不同驱动能力与非门的单粒子瞬态效应数据，随着驱动能力的增加，与非门的平均脉冲宽度呈单调递减的趋势，单粒子敏感区域面积与单元版图面积的比值则呈现出先增加后减小的趋势。

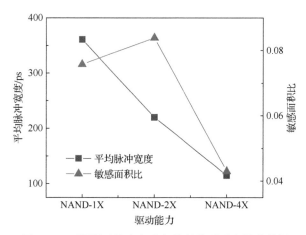

图 3.71 不同驱动能力与非门的单粒子瞬态效应数据

图 3.72 给出了单倍驱动能力或门的单粒子效应敏感区域热点图，分别对应输入端的四种逻辑状态。40nm 或门的敏感面积同时分布于 pMOS 与 nMOS 区域，这是由于或门内部晶体管采用串联与并联两种连接方式。

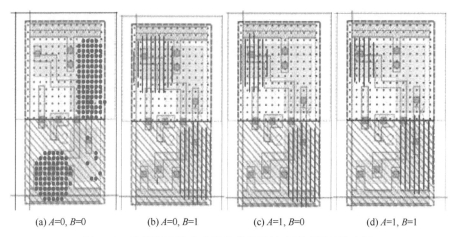

(a) $A=0$, $B=0$ (b) $A=0$, $B=1$ (c) $A=1$, $B=0$ (d) $A=1$, $B=1$

图 3.72 单倍驱动能力或门的单粒子效应敏感区域热点图

图 3.73 给出了不同驱动能力或门单粒子敏感区域面积与单元版图面积之比，随着驱动能力增加，或门的敏感面积比呈先增加后减小的趋势。或门的单粒子瞬态脉冲宽度呈现出持续减小的趋势，当驱动能力增加至 8 倍，可以有效地提高单

元的抗单粒子效应性能。

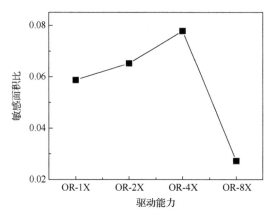

图 3.73　不同驱动能力或门单粒子敏感区域面积与单元版图面积之比

随着驱动能力的增加，与门的单粒子瞬态脉冲宽度呈现出单调递减的趋势，如表 3.3 所示。与门的瞬态脉宽随着驱动能力增加而逐渐减小，单倍驱动能力时，与门的单粒子瞬态脉冲宽度在 700ps 的范围内，有超过百分之七十的脉冲宽度在 200 ps 以内。2 倍驱动能力时，与门的最大瞬态脉宽减小至 400ps 范围内，减幅明显，并且有百分之八十的脉冲宽度不超过 200ps。12 倍驱动能力时，所有的单粒子瞬态脉冲的宽度均为几十皮秒。驱动能力的增加对 40nm 与门的单粒子瞬态脉冲宽度影响非常大。

表 3.3　不同驱动能力与门的单粒子瞬态脉冲宽度分布

| 脉冲宽度/ps | 不同驱动能力与门的脉宽频率分布 | | | | |
	AND-1X/%	AND-2X/%	AND-4X/%	AND-8X/%	AND-12X/%
1～100	41	53	73	88	100
100～200	35	27	22	12	—
200～300	9	13	5	—	—
300～400	9	7	—	—	—
400～500	2	—	—	—	—
500～600	3	—	—	—	—
600～700	1	—	—	—	—

D 触发器是构成时序电路的基本单元，在集成电路中广泛使用。图 3.74 为 40nm D 触发器的单粒子效应敏感区域热点图，敏感区域包括 D 触发器中发生单

粒子翻转与瞬态的区域面积。

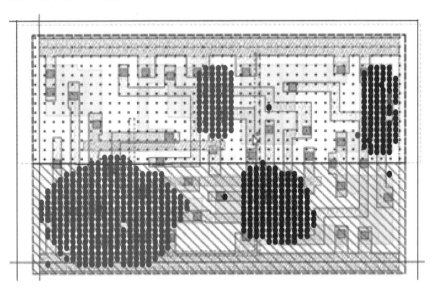

图 3.74　40nm D 触发器的单粒子效应敏感区域热点图

不同驱动能力 D 触发器的单粒子瞬态脉冲宽度分布如图 3.75 所示，此时数据端 D 接低电平，时钟端 CK 接高电平。随驱动能力增加，单粒子瞬态脉宽分布呈现出明显减小的趋势。不同驱动能力 D 触发器的单粒子敏感区域面积与单元版图面积之比如图 3.76 所示，在 D0CK0(数据端 D 接低电平，时钟端 CK 接低电平)、D1CK0 与 D1CK1 逻辑状态下，驱动能力越大，触发器的敏感面积比值越小。

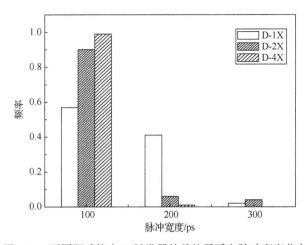

图 3.75　不同驱动能力 D 触发器的单粒子瞬态脉冲宽度分布

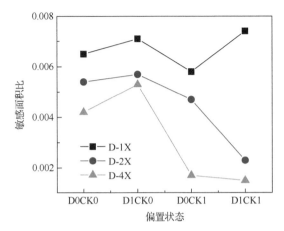

图 3.76　不同驱动能力 D 触发器的单粒子敏感区域面积与单元版图面积之比

3.4.3　版图结构对标准单元单粒子效应敏感性的影响研究

版图设计是连接电路与工艺的桥梁，是集成电路设计中不可或缺的一部分，应用于辐射环境中的集成电路需要在版图设计时考虑相应的抗辐射加固设计。标准单元库通常会根据驱动能力强度、功耗、性能等要求不同而提供不同尺寸、不同版图的标准单元电路设计，版图的质量高低直接决定了标准单元的面积与功耗大小，且可能会直接影响到标准单元的单粒子效应敏感性。选择合适的版图设计方式可以在一定程度上对标准单元进行抗辐射效应加固。

在标准单元库中常包含大量高驱动能力的标准单元，其中包含不同驱动能力的子模块。不同驱动能力子模块单粒子敏感区域分布如图 3.77 所示，20 倍驱动能力反相器中包含三种驱动能力的子模块(子模块是一个完整的反相器，黑色线框所示即为各个子模块)。子模块 1、2、3 的驱动能力分别为 3 倍、8 倍、20 倍，在图中依次显示为子模块 1、子模块 2 和子模块 3。采用电路仿真的方式对 20 倍驱动能力反相器进行单粒子效应仿真，得到的单粒子敏感区域分布如图 3.77 所示。其中圆点为反相器输入电平为高电平时的敏感区域，方点为反相器输入电平为低电平时的敏感区域，子模块 1 与子模块 2 的敏感区域分布于反相器内部晶体管的漏极区域，且几乎所有漏极区域均受到单粒子效应的影响，敏感区域占各个子模块的版图面积的比重较大。子模块 3 的敏感区域也集中分布于晶体管漏极区域，但其敏感区域并没有完全覆盖晶体管所有漏极区域，故子模块 3 敏感区域占版图面积的比值较子模块 1 和子模块 2 更小。

图 3.78 给出了不同驱动能力子模块的单粒子瞬态脉冲宽度分布。子模块 1 的瞬态脉冲宽度分布最广，且大脉冲的占比较大。子模块 3 的瞬态脉宽最小，且脉宽范围也明显小于子模块 1 和子模块 2。在高驱动能力的标准单元中，只有驱动

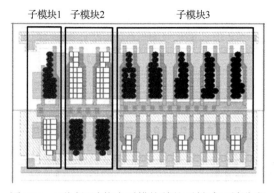

图 3.77　不同驱动能力子模块单粒子敏感区域分布

能力最高的一级子模块用以保证单元的驱动能力，其他子模块均为辅助级。若将驱动能力较弱的辅助级子模块用驱动能力更高的子模块代替，将版图面积的增加控制在可接受的范围内，则有利于从子模块开始对标准单元进行抗单粒子效应加固。高驱动能力的标准单元较低驱动能力的标准单元本就具有更强的抗单粒子效应能力，对其内部子模块进行加固后能够进一步提高标准单元的抗单粒子辐射性能。

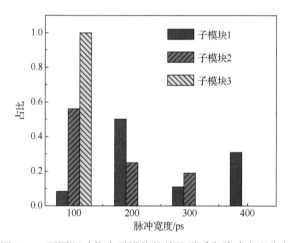

图 3.78　不同驱动能力子模块的单粒子瞬态脉冲宽度分布

　　标准单元内部晶体管有多种连接方式，如晶体管间采用共源极、共漏极或者独立源漏等连接方式，不同的连接方式对标准单元的抗单粒子能力有不同的影响。图 3.79 给出了反相器内部晶体管连接方式对单粒子敏感区域分布的影响，反相器内部包含 2 个 pMOS 管与 2 个 nMOS 管共 4 个晶体管。共源极连接情况下，同种类的晶体管之间共用源极区域，而漏极区域位于源极区域的两侧，共漏极连接方式则与之相反。采用电路级仿真手段对两种不同版图结构的反相器单元进行了单粒子效应仿真，敏感区域均分布于晶体管的漏极区域，采用共漏极连接方式的反相器敏感面积明显小于采用共源极连接方式的反相器敏感区域，总面积下降了近百分之三十五。

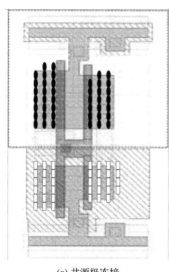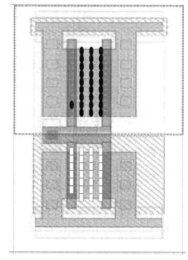

　　(a) 共源极连接　　　　　　　　　　　　　(b) 共漏极连接

图 3.79　　反相器内部晶体管连接方式对单粒子敏感区域分布的影响

3.4.4　重离子斜入射对标准单元单粒子效应敏感性的影响研究

在重离子加速器地面模拟试验研究评估单粒子效应时，常用实验手段是采用垂直硅表面入射的重离子辐照器件，获得其单粒子效应截面与重离子 LET 值之间的相关关系。通过 Weibull 拟合获取器件单粒子效应阈值及饱和截面大小，结合空间轨道辐射环境即可预估器件单粒子效应在轨敏感性。实际空间中的重离子是从各个方向入射到器件的，特别是在各向异性的器件中，沿不同倾角入射的粒子会在器件中产生具有较大差异的单粒子瞬态脉冲，进而影响实验获取的单粒子效应截面，因此，有必要开展斜入射情况下的单粒子瞬态建模方法研究。总体而言，斜入射会改变重离子在硅体内的入射径迹，增大节点收集到的电荷量，加剧电荷共享效应的发生，重离子垂直入射和斜入射下的径迹分布如图 3.80 所示，在垂直入射的条件下，重离子径迹只穿过单个反偏 PN 结区，而当重离子以 θ 角倾斜入射，重离子径迹穿越了多个器件的灵敏区导致电荷共享加剧。针对平面体硅工艺，在实践中针对斜入射的单粒子瞬态建模主要采用等效 LET 值法，当倾斜角度为 θ 时，等效 LET 值可表示为

$$\mathrm{LET_{eff}} = \mathrm{LET_0} / \cos\theta \tag{3.12}$$

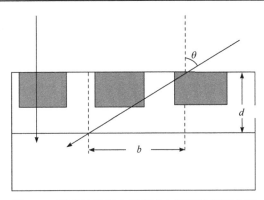

图 3.80 重离子垂直入射和斜入射下的径迹分布

斜入射时,敏感节点收集的电荷总量增加了 $1/\cos\theta$ 倍。随着工艺尺寸的缩减,针对小尺寸器件版图布局更加密集,入射角度引发的多节点间的电荷共享成为重要影响因素。大量实验结果表明,采用余弦定律预估截面误差较大,并不能准确描述斜入射带来的影响。该方法只考虑了对节点收集电荷总量的修正,未考虑结合版图拓扑增加的电荷共享,如国内研究者曾报道[43],采用相同的重离子束流辐照 SRAM 存储器,在垂直方向上加降能片,使得垂直入射与斜入射情况下的离子有效 LET 值相等,结果表明斜入射情况下存储器发生多位翻转(MBU)的概率大大增加,而总截面上则略有增大。入射角度增强单粒子效应电荷共享的另一个证据是,斜入射更易引发单粒子翻转再恢复(SEUR)和单粒子多瞬态(SEMT)。李鹏等[44]通过数值仿真的手段研究了 40nm 平面体硅工艺 6T SRAM 单元的单粒子翻转特性,结果表明当入射角度大于一定值时,开态 nMOS 管的延迟电荷收集更易触发单粒子翻转再恢复机制;陈荣梅等[45]针对 65nm 工艺反相器链开展了重离子角度试验,结果表明随着方位角的增大,单粒子多瞬态产生概率明显增加。

对于鳍式场效应晶体管(FinFET)工艺,入射角度对单粒子效应的影响则更为复杂。Zhang 等[46]研究了 16nm FinFET 工艺下粒子入射角度对触发器单粒子翻转的影响,发现 FinFET 器件单粒子电荷收集受入射角度的影响与平面器件相比有所不同,这主要是由 FinFET 器件结构的特殊性和多鳍结构造成的。Patrick 等[47]结合重离子试验和 3D TCAD 仿真研究了 14-/16nm FinFET 器件单粒子翻转受入射角度的影响,认为截面随入射角度的复杂变化主要是由鳍和体硅衬底内亚鳍区内的电荷沉积联合导致。但是上述研究主要集中在倾斜角度对单个器件电荷收集的影响,而针对入射角度对器件间电荷共享效应的研究还未见报道。

本节首先介绍关于斜入射情形下的单粒子效应电路级仿真模型构建,其次结合仿真结果分析入射角度对单粒子翻转和单粒子瞬态的影响。Artola 等[48-49]提出一种双极扩散模型,当重离子电离径迹远离耗尽区电场时,将其离散化为电荷云微元，通过载流子输运方程可求得任意时刻 t 到达耗尽区表面被收集的过剩载流子浓度 $n(t)$，如下所示：

$$n(t) = \iiint\limits_{S,\text{Range}} \frac{\mathrm{d}Q_{\text{LET}}}{(4\pi Dt)^{3/2}} \cdot \exp\left(-\frac{d^2}{4Dt}\right)\mathrm{d}x\mathrm{d}y\mathrm{d}l \tag{3.13}$$

式中，$\mathrm{d}Q_{\text{LET}}$ 表示在微分径迹长度 $\mathrm{d}l$ 电荷云微元中的电荷总量；d 表示电荷云微元与耗尽区表面之间的间距；D 表示载流子在阱内的扩散常数；$\mathrm{d}x\mathrm{d}y$ 表示耗尽区表面的面积微元；积分限 S 表示有源区面积、Range 表示离子在硅中的射程。假设载流子通过耗尽区的平均速率为 v，那么即可得出 PN 结的扩散收集电流为

$$I_{\text{diff}}(t) = qn(t)v \tag{3.14}$$

上述方程可通过数值方法求解。图 3.81 给出了重离子入射引发的单粒子瞬态电流计算结果，展示了在不同扩散常数 D 下的双极扩散电流计算结果与 TCAD 仿真计算结果的对比。其中选用的重离子硅中的 LET 值为 $30\text{MeV} \cdot \text{cm}^2/\text{mg}$。由于不同 LET 值的重离子在阱中引入的过剩载流子浓度不同，扩散常数 D 需要根据 TCAD 仿真结果进行提取。实践中发现，当离子入射径迹靠近耗尽区电场时，载流子通过耗尽区的速率在整个电荷收集过程中变化较大，采用平均速率的假设计算得到的扩散电流与 TCAD 仿真结果相比误差较大。

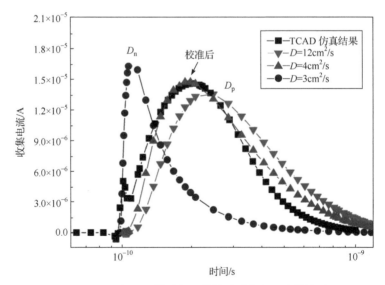

图 3.81　重离子入射引发的单粒子瞬态电流计算结果

Kauppila 等[50]提出了一种等效子电路方法，将 PN 结在固定偏置下的瞬态收

集电流作为独立电流源 I_{SRC}，设定受控电流源 G_{REC} 描述复合作用，根据 PN 结的偏压输出调制后的电流脉冲 G_{SEE}。该子电路集成于晶体管的伯克利短沟道绝缘栅场效应晶体管模型(BSIM)之中，最终引入的电流源 G'_{SEE} 为 G_{SEE} 的镜像电流源，并跨接在晶体管的漏端与体端。Kauppila 采用了双指数电流源作为子电路中的独立电流源：

$$I(t) = \frac{Q_{tot}}{\tau_f - \tau_r} \times \left[\exp\left(-\frac{t}{\tau_f}\right) - \exp\left(-\frac{t}{\tau_r}\right) \right] \tag{3.15}$$

按照 Messenger[51]的理论，$I(t)$ 为重离子入射引起的节点收集电流；Q_{tot} 为在整个瞬态过程中收集的总电荷量；τ_r 为重离子入射建立电离径迹的特征时间，通常在几皮秒左右；τ_f 为表征 PN 结收集过剩载流子的时间常数。但是单个双指数电流源针对小尺寸工艺下的单粒子瞬态拟合效果较差，特别是现有模型无法综合反映有源区形状、入射位置和倾斜角度的影响。

基于上述分析，提出了一种结合灵敏体(sensitive volume，SV)和双极扩散机制的电荷收集模型，如图 3.82 所示，图中标识除了定义的灵敏体。离子径迹穿过该晶体管灵敏体的为主动节点(active node)，未穿过灵敏体而同样产生电荷收集的晶体管为被动节点(passive node)。当重离子电离径迹穿过灵敏体时，其内部沉积的电荷很快被敏感漏结收集，此时反偏结电势基本保持恒定，电荷收集过程符合双指数电流源假设，形成的电流记为 $I_{SV}(t)$，其解析形式如下述方程所示：

$$Q_{SV}[pC] = LET(l)[pC/\mu m] \times d_z[\mu m] \tag{3.16}$$

式中，d_z 为入射重离子在灵敏体内的径迹长度，根据重离子在硅中的 LET 值即可得出灵敏体内沉积的总电荷量 Q_{SV}。

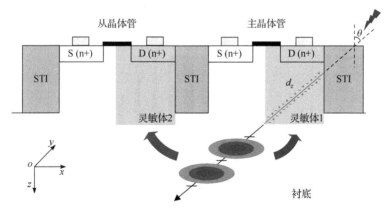

图 3.82　结合灵敏体和双极扩散机制的电荷收集模型

当灵敏体内电荷收集过后，扩散作用的影响使得结电势塌陷，后续的载流子收集过程满足 Artola 的双极扩散假设,该部分电流记为 $I_{\text{diff}}(t)$。因此单个晶体管的单粒子瞬态电流可表示为

$$I_{\text{SRC}}(t) = I_{\text{SV}}(t) + I_{\text{diff}}(t) \tag{3.17}$$

为了验证模型的准确性,通过 TCAD 计算了重离子分别以 30° 和 45° 倾角(平行晶体管方向)沿中心线入射晶体管不同位置时漏极收集到的电荷量 Q_{tot}。建模的晶体管为 nMOS 管,以晶体管沟道中心位置为原点,沟道长度为 60nm,宽度为 540nm,源漏极长度为 200nm。根据 65nm 工艺 PDK 对晶体管电学特性进行了反向校准。计算了通过扩散作用收集的电流,其中校准后的参数 $D=0.6\text{cm}^2/\text{s}$,$v=3000\text{m/s}$,积分可得

$$Q_{\text{diff}} = \int I_{\text{diff}}(t)\mathrm{d}t \tag{3.18}$$

为简化模型,灵敏体平面设置为有源区,深度为 STI 刻蚀深度。按照式(3.18),可计算出通过灵敏体收集到的电荷量为

$$Q_{\text{SV}} = Q_{\text{tot}} - Q_{\text{diff}} \tag{3.19}$$

将该电荷量与直接采用径迹长度计算得到的沉积电荷量进行了对比,图 3.83 给出了重离子入射晶体管不同位置时在灵敏体内沉积的电荷总量。当入射位置向晶体管外围移动时,沉积在灵敏体内的电荷总量不断下降,直至降为 0。当入射倾角增加时,可以明显看出能够在灵敏体内沉积电荷的范围扩大了,这也能说明为什么大倾角入射时更容易导致电荷共享。计算结果表明,两种算法在收集电荷总量上有较好的一致性。

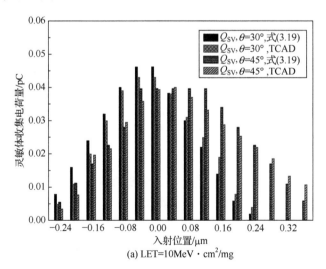

(a) LET=10MeV·cm²/mg

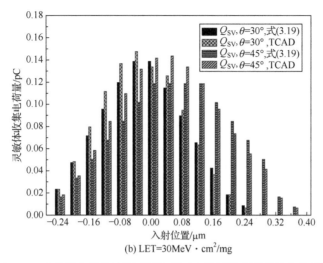

图 3.83　重离子入射晶体管不同位置时在灵敏体内沉积的电荷总量

　　下面结合存储器和反相器链电路的仿真实例来分析入射角度对单粒子效应的影响。选定的研究对象为一款商用 65nm 非加固静态随机存储器(6T-SRAM)，工作电压为 1.2V。SRAM 单粒子效应敏感区为对称的 nMOS 管和 pMOS 管的漏极。为了能够获得多位翻转敏感性，对 SRAM 单元进行了测试图形的填充，图 3.84 给出了存储器版图和敏感节点示意图。在进行该 SRAM 单元的单粒子效应分析时，具体应用过程如下：

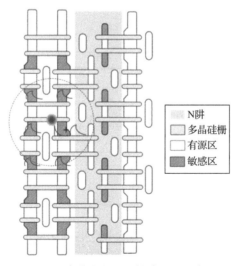

图 3.84　存储器版图和敏感节点示意图

(1) 设置入射离子信息，提取版图中的敏感节点轮廓。如入射离子 LET 值设置为 30MeV·cm²/mg，入射版图坐标为(2856μm,3454μm)。以入射离子位置为中心，半径 2μm 覆盖范围内的敏感节点都需添加电流源项，由此提取出的敏感节点轮廓如表 3.4 所示，表中的(X_s，Y_s)和(X_e，Y_e)为矩形的两个顶点。入射倾角考虑垂直入射和斜入射两种情况。对于垂直入射，入射方向与器件表面垂直方向之间的夹角余弦值为(0，0，–1)；对于斜入射，设定沿阱方向倾角为 60°，入射方向与器件表面垂直方向之间的夹角余弦值为(0，–0.866，–0.5)。

表 3.4　提取出的敏感节点轮廓

节点	X_s/μm	Y_s/μm	X_e/μm	Y_e/μm
1	2996	5034	3146	5334
2	2996	4064	3146	4364
3	2996	3054	3146	3354
4	2996	2024	3146	2324
5	2996	1054	3146	1354
6	2996	4900	3146	3490
...	...	...	...	...

(2) 按照上述公式计算各个节点的单粒子瞬态电流,计算中采用的参数如表 3.5 中 65nm 体硅 CMOS 工艺单粒子瞬态电流计算参数所示。修改电路结构的网表，在受到辐照影响的节点添加子电路模型，电流源跨接在漏极和衬底端口，进行电流的注入。针对 nMOS 管，电流方向由漏极流向衬底；针对 pMOS 管，电流方向由衬底流向漏极。

表 3.5　65nm 体硅 CMOS 工艺单粒子瞬态电流计算参数

传能线密度 /(MeV·cm²/mg)		10	30	60
倾斜角		$\theta=0°$	$\theta=0°$	$\theta=60°$
P 阱 入射	D/(cm²/s)	4.0	4.8	5.0
	V/(m/s)	10000	11000	12000
N 阱 入射	D/(cm²/s)	4.2	5.2	5.5
	V/(m/s)	4500	5000	5200

(3) 进行仿真，监测受到辐照影响的节点电压变化，图 3.85 给出了仿真得到节点电压变化曲线。如果 SRAM 单元的逻辑状态翻转，则表示产生了单粒子翻转效应；如果 SRAM 单元的逻辑状态翻转后随之恢复，则表示产生了单粒子瞬态效应；如果 SRAM 单元的逻辑状态未受影响，则表示未发生单粒子效应。

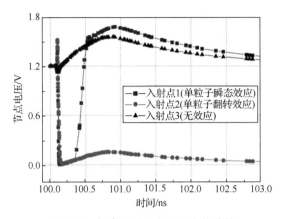

图 3.85　仿真得到节点电压变化曲线

按照上述步骤, 对版图进行扫描分析, 则可获得单粒子翻转的热点图, 图 3.86 给出了 SRAM 存储单元单粒子效应敏感区域。从图中可以看出, 在斜入射情况下, 单粒子翻转截面增大, 且由电荷共享导致的多位翻转也明显增加。图中方块表示重离子入射后发生了单粒子翻转再恢复。这是相邻的 pMOS 管漏区在发生翻转后变为敏感节点继续收集扩散电荷, 导致单元发生了二次翻转。从计算结果也可以看出, 在斜入射条件下翻转再恢复的概率也会增大。

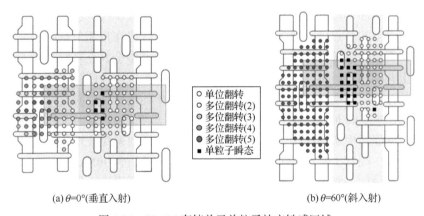

(a) $\theta=0°$(垂直入射)　　　　　　　　　　　　(b) $\theta=60°$(斜入射)

图 3.86　SRAM 存储单元单粒子效应敏感区域

针对该款器件在地面加速器上进行了重离子试验, 在垂直入射的情况下获取了多个 LET 值点下的单粒子翻转截面, 并进行了 Weibull 拟合, 图 3.87 给出了重离子以两种角度入射单粒子翻转截面对比。在沿阱方向 60°倾角入射的情况下也进行了辐照试验, 从图中可以看出, 试验结果明显高于采用等效 LET 值法拟合的结果, 而采用本方法计算的结果与试验结果吻合较好。这是由于等效 LET 值法只考虑了在单个器件灵敏区内沉积电荷的变化, 而未考虑斜入射引起的多器件间的电荷共享的增强。

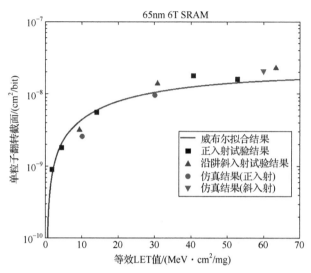

图 3.87　重离子以两种角度入射单粒子翻转截面对比

　　采用相同的步骤可以针对反相器链电路中的单粒子瞬态(SET)进行仿真计算。当单元电路之间存在电学连接关系时，共阱结构相邻异相节点间的电荷共享可能会导致瞬态脉冲猝熄(quenching)，最终使得 SET 脉宽减小[10]。这实际上是电学状态的改变引发的节点敏感性的变化，进而导致电荷收集在相邻节点间耦合。传统的电路仿真技术一般只在单个节点注入电流源，或者多个节点之间注入的电流源在时域上并不相干。本节采用的电流源为基于双极扩散原理计算得到的，对于不同节点的计算结果在时域上耦合，在计算反相器单元的敏感性时，采用了多级串联的方式。图 3.88 展示了单粒子瞬态敏感区域仿真结果。仿真时采用了 5 级反相器串联，既能考虑版图间相邻单元间的电荷共享，同时避免波形传输太多级导致瞬态脉冲发生畸变。输入为低电平，重离子硅中 LET 值为 $30\mathrm{MeV\cdot cm^2/mg}$，轰击第 3 级，在最后一级记录输出的瞬态脉冲结果。重离子垂直入射时，敏感截面分布在 nMOS 管漏极附近，平均脉冲宽度为 136ps。当入射角度沿阱方向不断增加时，敏感截面逐渐增加，在倾角为 45°时，截面增大至 $0.41\mu m^2$，倾角为 60°时，截面增大至 $0.54\mu m^2$。倾角增大，径迹在灵敏体内沉积电荷路径长度增加，导致漏极收集到更多的电离电荷，因而使得敏感截面增大。同时截面的分布形状也发生改变。在垂直入射时，敏感截面分布基本沿漏极中心对称，而当倾角逐渐增大时，敏感截面分布向主节点凹陷，可观察到明显的脉冲猝熄现象。这是入射径迹向主节点倾斜，主节点收集电离电荷导致电势改变，通过电学连接影响到从节点，从节点由不敏感转为敏感，也开始收集电离电荷，两者的电荷收集特征时间差异与电学状态迁移的特征时间相近时，就会导致脉冲猝熄的产生。

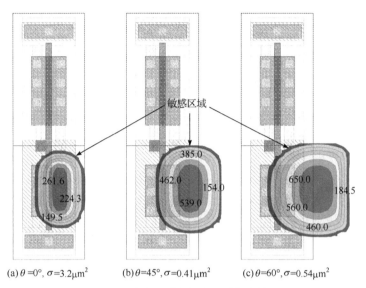

$(a) \theta=0°, \sigma=3.2\mu m^2$ $(b)\theta=45°, \sigma=0.41\mu m^2$ $(c)\theta=60°, \sigma=0.54\mu m^2$

图 3.88 单粒子瞬态敏感区域仿真结果

3.5 单粒子效应系统级仿真

目前针对器件级、门电路级的单粒子效应敏感性已有较多的评估方法和测试手段，但在更高的电路层级上，如系统级，由于单粒子效应在复杂系统中的传播机制和系统容错能力预测的相关研究尚不完善，已有的评估技术难以同时兼顾预估精度和时间开销，给系统早期设计阶段的单粒子效应评估造成较大困难。

3.5.1 单粒子效应系统级仿真基本思路

单粒子效应在系统层面造成的影响可分为：①良性故障，不会对系统执行产生影响的错误；②静默数据损坏(SDC)，即未被检测到但最终影响系统输出正确性的故障；③可以被检测到的故障(detected unrecoverable error，DUE)。通过模拟单粒子效应在系统中的传播，单粒子效应系统级仿真的目的是甄别出良性故障和其他类故障，最终获得系统的抗单粒子性能指标，如软错误率或动态失效截面。

常见的单粒子效应系统级仿真方法包括：基于系统模型的模拟注入；基于结构敏感因子(AVF)的分析方法；基于故障传播概率建模的评估方法；基于形式验证的方法；基于机器学习的方法等。下面进行逐一介绍。

基于系统模型的模拟注入一般基于电路的硬件描述语言模型，如 Verilog HDL、VHDL、SystemC 等，可以在门级网表和 RTL 级以及结构级中进行。其中门级网表需要有集成电路的原始设计文件，对于商用器件可能难以获得，RTL 级和结构级则无此限制。注入过程中往往采用脚本语言(Perl 或 TCL 等)来实现故障注入位置的选择和处理器模型调用，从而实现自动化。国内已有的研究仅针对特定的系统开发了一些工具，尚未形成通用的软件平台。国内中国科学院计算技术研究所较早对"龙芯一号"处理器进行故障注入仿真[52]，使用 VHDL+Cadence NCsim，在 RTL 级实现处理器的仿真。中国科学院微电子研究所使用 Verilog HDL 和 Modelsim，并使用 Perl 进行自动化，实现了一款 32 位 RISC 处理器的故障注入仿真，待注入模块采用门级网表，其他模块采用行为级描述以进行时间和精度的优化[53]。西安电子科技大学使用 VHDL+Finesim 对星载计算机系统进行单粒子效应分析，不同模块在不同层次被建模，待注入模块采用管级模型，其他模块用 VHDL 进行行为级建模，不同层次模块用接口连接[54-55]。除了在门级和 RTL 级进行仿真外，一些研究基于全系统仿真平台 Simics 进行了结构级的仿真，Simics 是一款被广泛使用的高性能的系统级模拟器，其最小颗粒度为指令级，可以模拟整个目标系统。为研究片上系统(SOC)中处理器核心以外的器件(内存子系统、IO 控制器等)发生单粒子效应后对系统的影响，建立了适用于大规模 SOC 的仿真平台，达到了相当于 20000 倍传统 RTL 级仿真的速度，待注入模块使用 RTL 模拟器建模，其他组件使用基于 Simics 仿真平台的结构级建模[56]。

基于结构敏感因子的分析方法将处理器中体系结构和微体系结构的状态位分为两类，影响体系架构正确执行(architecturally correct execution，ACE)的状态位，也称为 ACE 位；不影响体系架构正确执行的状态位(非 ACE 位)。具体分析时，首先基于跟踪指令的方法区分 ACE 位和非 ACE 位，一种典型的区分方法是跟踪每条指令的操作情况，找出模拟过程中不影响系统输出的指令，标记为非 ACE 位，其余标记为 ACE 位。随后跟踪统计 ACE 位在流水线各个结构中的驻留时间或者操作时间，某个处理器结构的 AVF 就等于该结构中驻留/操作 ACE 位的总时间在整个系统操作过程中所占的比例，也就是说，存储单元的 AVF 等于该单元保存 ACE 位的总时间所占的比例；功能单元的 AVF 等于处理 ACE 位的总时间所占的比例。ACE 分析方法的优势是相对于注入方法分析速度快，存在的问题在于：往往不可能精确地实现每个位的分类，因此往往只能给出保守的估计(除非确定某个位是非 ACE 位，否则只能视为 ACE 位)，文献中显示，基于结构敏感因子 AVF 的分析方法与故障注入得到的最终评估结果相比低估了 250%的掩蔽效应，因此 ACE 分析的颗粒度优化是一个重要的研究方向[57]。此外，由于存在一些特殊位的影响，ACE 分析的精确度存在着极限。

基于故障传播概率建模的评估方法应用概率学分析方法，如贝叶斯网络和马尔可夫链，进行故障建模。贝叶斯网络是 1985 年由 Judea Pearl 提出的一种概率图模型，它模拟推理过程中因果关系的不确定性，其网络拓扑结构是一个有向无环图(DAG)，有向无环图中的节点表示随机变量，可以是可观察到的变量、隐变量、未知参数等。认为有因果关系(或非条件独立)的变量或命题则用箭头来连接。若两个节点间以一个单箭头连接在一起，表示其中一个节点是"因"，另一个节点是"果"，两节点就会产生一个条件概率值。可将电路系统中各个模块用贝叶斯网络中的节点表示，模块的错误传播概率以及造成系统失效的概率用箭头和权值表示，由此可进行电路系统的贝叶斯网络建模。马尔可夫过程是一类随机过程。它的原始模型马尔可夫链，由俄国数学家马尔可夫于 1907 年提出。马尔可夫链描述状态和状态之间转移的概率仅取决于当前状态而不依赖于历史转移路径。这种描述状态的方法可对集成电路的有限状态机模型进行建模。Ammar 等[58]提出使用连续时间马尔可夫链对具有纠错检错功能的处理器进行建模，分析系统 RAM 上产生的软错误对系统平均故障时间(MTTF)的贡献。此外，作为一种研究复杂系统的有力工具，元胞自动机也被用于评估模块间故障传播概率。元胞自动机是一种演化模型，采用离散的空间布局和离散的时间间隔，将元胞分成有限种状态，元胞个体状态的演变由当前状态以及其某个局部邻域的状态决定。Wei 等[59]进行了将电路系统用二维元胞自动机建模的前期工作，每个子模块被视为一个元胞，周围模块被视为临近元胞，在某个时间节点将错误注入某个模块中，观察错误在元胞间的传播。总的来看，基于故障传播概率模型的方法能够对多个模块组成的大规模系统进行分析，但问题在于分析精度强烈依赖于建模的准确性，而且单个模型仅针对特定的系统，面对不同的系统需要耗费精力分别进行建模。利用该方法可实现模块到系统的错误传播分析，但需要各模块的原始故障率和系统结构信息作为输入，而原始故障率往往需要通过模拟辐照实验获得，导致模型实用性不强，因此该方法未来的发展方向在于建模的自动化实现以及分析准确率验证。

形式验证是指从数学上完备地证明或验证系统是否实现了预设功能，被广泛用于集成电路和软件等领域的分析。形式验证方法分为等价性检查、模型验证和定理证明等。形式验证的基本思想：进行故障注入，将突变或破坏后的电路视为新的系统，检测故障注入后的电路系统是否满足原电路设计的形式。目前的研究主要通过以下几种形式验证方法进行电路的容错性能分析：①模型验证。模型验证的基本思想是用有限状态机表示系统的状态，对系统状态可能的转移路径进行描述，最后遍历有限状态机以检验系统是否一致。②等价性检查。等价性检查的基本思想是使用数学逻辑来形式化地证明同一设计的两种不同表示可相互替换，而不会对系统设计功能造成影响。等价性检查方法包括遍历检查、基于二叉判定图的检验和基于布尔可满足性的检验。其中，在面对空间和时间上复杂的系统时，遍历检查是不可能的，复杂系统的二叉判定图描述也会导致内存爆炸，因此布尔可满足性的检验更具有优势。③定理证明。基于定理证明的分析方法是将故障模型和系统的模型都表示为形式逻辑中的定理、推理规则等，并将待验证的属性表示为定理，通过定理证明器对定理进行证明。例如，在对数字电路进行定理证明时，可把故障是否会影响输出分解为两个子问题，一是证明在黄金电路的输出为1时，故障电路输出也为1；二是反过来证明故障电路输出为1时，黄金电路输出也为1。总的来说，形式检验改进了故障注入方法的不完备，从而可以证明系统结构的可靠性，但难以给出精确的软错误率、故障模式等信息，而且尽管形式验证经过一次分析就能获得系统的敏感性信息，但本质上是以复杂状态空间分析换取分析次数，因此也需要大量的计算时间，与传统的故障注入方法相比优势不明显，仅在某些特殊情况下作为其他方法的补充。

机器学习近年来逐渐成为集成电路设计的热点，已有一些使用神经网络进行系统级掩蔽因子评估的研究。例如，使用机器学习方法在寄存器传输级预测功能掩蔽，机器学习过程将触发器特征信息和通过软件故障注入得到的掩蔽特性作为训练集，触发器信息包括单元电路结构和综合特性等静态信息以及信号活动等动态信息[60]。研究还对比了多种回归模型(线性、K近邻(KNN)、决策树、支持向量机等)的预测准确度，该方法在一个10G以太网电路中被验证。综上，机器学习方法的问题在于，往往需要大量注入数据进行训练，训练出来的模型往往只能针对特定的电路系统进行预测，因此难以实现通用化的应用，目前只能作为已有方法的补充，同时机器学习固有的问题在于可解释性，这影响了方法的可信度。

3.5.2　SRAM 型 FPGA 单粒子功能中断截面评价

图3.89给出了开展SRAM型FPGA系统级软错误评价研究的流程图。首先，将布局布线之后的网表文件作为输入，利用面向对象方式直接对器件底层资源和设计网表中对应的结构进行抽象和建模，也称作网表文件解析，从中获得设计中使用的资源及其配置状态。其次，根据不同资源的失效模式和单粒子软错误的影响范围定义了一套故障传播规则。针对设计中使用的可编程资源，找出与之相关的所有可能破坏电路拓扑结构的逻辑和路径，将其定义为"敏感资源"。最后，结合包含可配置资源与配置位一一对应关系的解码信息数据库查找得出所有敏感资源对应的配置位，统计后输出敏感配置位的总数。

故障传播规则从本质上来说是找出一个设计中所有可能破坏电路拓扑结构的可编程单元，将它们对应的配置位当作敏感位来处理。通过对各种典型资源的失效模式进行分类讨论，以确定所涉及的配置位哪些属于敏感位，即发生翻转后会影响所配置电路的功能实现。具体包括查找表电路LUT、Slice、可编程互连矩阵、多路复用器中的配置位等[61]。

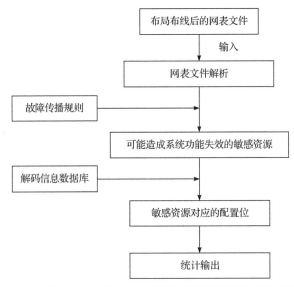

图 3.89　开展 SRAM 型 FPGA 系统级软错误评价研究的流程图

第一种单粒子失效模式是 LUT 存储信息的翻转。图 3.90 是 LUT 受单粒子翻转影响的示意图，此时 LUT 执行的功能是四输入的与门，只有四个输入端同为 1 时，输出为 1，其他组合输出皆为 0。如果 LUT 中的 1 恰好发生了单粒子翻转，那么该 LUT 的输出就一直为 0。从这个例子可以看出，这种单粒子翻转造成的后果是 LUT 中原始的逻辑功能发生了改变。

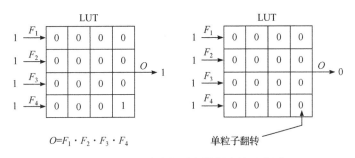

图 3.90　LUT 受单粒子翻转影响的示意图

在 XDL 网表的 instance 结构中定义了一个 Slice 内部两个 LUT 执行的逻辑功能，在输入向量未知的情况下，一个 4 输入 LUT 中的每一位都有可能传递到输出端，也就是说任意一位的翻转都有可能对电路功能造成影响。因此，将设计中使用的 LUT 的全部 16 位都看作敏感位。在实际应用中，输入向量的组合可能无法遍历 LUT 中的每一位，这意味着上述故障传播规则是一种略显保守的定义，可能会高估敏感位的总数。

Xilinx 公司的 FPGA 中，LUT 除了执行逻辑功能外，还可以作为嵌入式存储器或者移位寄存器使用，此时 LUT 中的存储信息是随电路运行实时变化的。如果单粒子翻转改变了其中的内容，造成的后果类似于存储器或触发器的翻转，可以看作是一种瞬态的扰动。但是如果单粒子翻转改变的是控制 LUT 三种功能模式的配置位，那么一个 LUT 执行的功能就可能从逻辑函数变成了嵌入式的存储器或移位寄存器，造成的后果是不可预期的。这类错误可以归结为 Slice 内部控制位的出错，是配置存储器中第二种单粒子失效模式。

在 XDL 网表的 instance 结构中定义了 Slice 内部控制位的状态。同样是设计中使用的 Slice，资源占用程度也有所差别。cfg 配置字符串中对所有 Slice 内部可编程资源的状态进行了描述，其中没有用到的资源用#OFF 进行标识。在处理 Slice 内部资源时，除状态为#OFF 的资源之外，其余可编程资源对应的配置位将被归结为敏感位。

第三种单粒子失效模式是互联资源中开关矩阵内可编程互连点(PIP)的误开启或误关闭。图 3.91 给出了典型 3×3 PIP 开关矩阵的电路结构图，在每两条金属线交汇处存在 6 个门控管结构，每个 PIP 由一个 SRAM 单元控制，通过这些 PIP 的状态控制四个方向上任意两个端点之间的连接。注意这只是一个示意图，实际的开关矩阵中并非任意两个端点之间都存在可编程互连点。

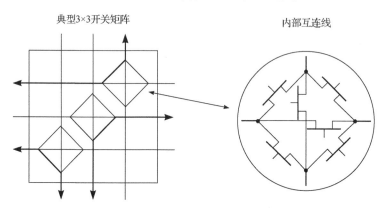

图 3.91　典型 3×3 PIP 开关矩阵的电路结构图

图 3.92 展示了 3×3 PIP 开关矩阵失效模式示意图。单粒子翻转在这个 3×3 PIP 开关矩阵中可能造成两种失效模式，第一种是在有连接的两个端点之间的开路，此时控制该 PIP 的 SRAM 单元从 1 翻转成了 0，如左图所示；第二种是在两条原有的互连线之间的短接，如右图所示，这是由本来关闭的 PIP 的误开启造成的。

能够发生开路型失效的 PIP 非常容易判断，只要是设计中存在的 PIP 都被认为是敏感单元，它的控制位一定是敏感位，但是 PIP 短路就没有那么容易发现，这是因为在原始的电路网表中并不存在这种结构。它具有如下特点：两个端点恰

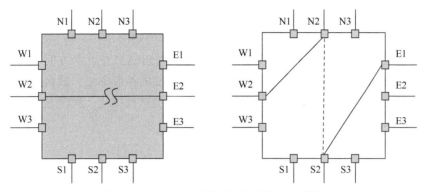

图 3.92　3×3 PIP 开关矩阵失效模式示意图

好是其他两根互连线的端点，在这两个端点之间存在一个 PIP，此 PIP 的原始状态是关断的。这种 PIP 一旦被单粒子翻转开启，就会造成电路结构的短接。为了寻找这类敏感单元，必须采用特定的搜索算法。

利用 General Routing 类描述 CLB 中的通用互连矩阵，节点类描述通用互连矩阵中的节点，每个节点和其他三个特定的节点之间存在一个 PIP，一个 General Routing 中包含若干节点和 PIP。算法的第一步是将一个 General Routing 中所有存在连接的节点标记出来；第二步是从某个节点出发，遍历与它有连接的节点，查看是否存在标记。如果接收端已经被标记，并且这两个节点之间本来不存在开启的 PIP，那么这两个节点之间的 PIP 即存在短路失效的可能。在外层循环中遍历每个节点和 General Routing 就可以找出所有的短路 PIP 结构。控制这些 PIP 的 SRAM 将被定义为敏感位。

第四种失效模式是多路复用器的误选。图 3.93 是多路复用器失效示意图，配置位的单粒子翻转导致初始的选通状态发生了改变。多路复用器在 CLB、输入输出模块(IOB)和块随机存取存储器(BRAM)的互连结构中广泛存在，因此这种单粒子失效模式事实上是 Xilinx 公司的 FPGA 中比例最高的一种情况。

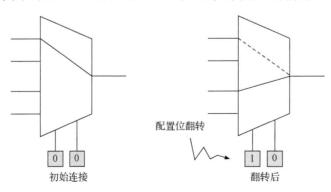

图 3.93　多路复用器失效示意图

在 Xilinx 公司的 FPGA 中还存在少量三态缓冲器, 图 3.94 给出了三态缓冲器失效模式示意图, 一个 SRAM 单元控制着缓冲器的输出开关。当 SRAM 单元为 1 时, 缓冲器打开, 输入端信号传递至输出端; 当 SRAM 单元为 0 时, 缓冲器处于高阻状态。若单粒子翻转恰好发生在三态缓冲器的控制单元, 那么导通和截止两种状态就会发生相互转换。只要在设计中发现了这种结构, 就将它的配置位当作敏感位来处理。

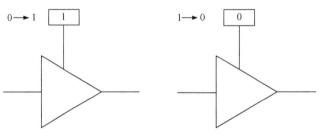

图 3.94　三态缓冲器失效模式示意图

利用 SRAM 型 FPGA 的静态或单一工作模式下的重离子测试数据, 依据上文中构建的故障传播规则, 就可以得到器件在任意给定工作模式下的软错误敏感性数据。给定的某设计情况下, 计算得到敏感位与总位数之间的比值为 6.22×10^{-3}, 动态出错截面即等于静态翻转截面乘以该比值[62]。图 3.95 和图 3.96 分别给出了重离子环境下试验测试与分析评价得到的结果对比和质子环境下试验测试与分析评价得到的结果对比。可以看出, 软错误评价方法的预测结果与测试结果吻合较好, 对应重离子和质子的结果偏差均保持在 50% 以内。

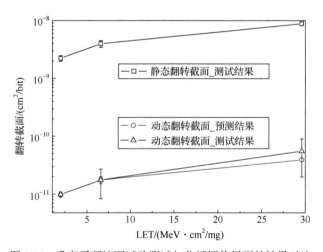

图 3.95　重离子环境下试验测试与分析评价得到的结果对比

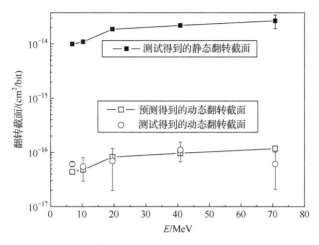

图 3.96　质子环境下试验测试与分析评价得到的结果对比

3.6　小　　结

　　本章主要介绍了单粒子效应仿真技术。首先介绍了单粒子效应的物理过程；随后介绍了单粒子效应粒子输运仿真的基本流程和典型用例，利用粒子输运仿真开展了重离子核反应对 SRAM 器件 SEU 截面的影响研究、不同种类粒子引发的单粒子效应敏感性差异研究；其次介绍了单粒子效应器件级仿真的基本流程和典型用例，利用器件级仿真开展了有源区形状尺寸对单粒子效应敏感性的影响研究、单粒子栅穿随工艺尺寸减小的趋势性变化研究、累积辐照对单粒子翻转敏感性的影响研究；再次介绍了单粒子效应电路级仿真的基本流程和典型用例，利用电路级仿真开展了驱动能力对标准单元单粒子效应敏感性的影响研究、版图结构对标准单元单粒子敏感性的影响研究、重离子斜入射对标准单元单粒子效应敏感性的影响研究；最后介绍了单粒子效应系统级仿真的基本流程和典型用例，利用系统级仿真实现了 SRAM 型 FPGA 单粒子功能中断截面评价。

参 考 文 献

[1] ECOFFET R. On-orbit anomalies: Investigations and root cause determination[C]. Proceedings of the Nuclear and Space Radiation Effects Conference, Las Vegas, USA, 2011.

[2] DODD P. Basic mechanisms for single event effects[C]. Proceedings of the Nuclear and Space Radiation Effects Conference, Norfolk, USA, 1999.

[3] BAUMANN R. Single event effects in advanced CMOS technology[C]. Proceedings of the Nuclear and Space Radiation Effects Conference, Seattle, USA, 2005.

[4] LAW M. Device modeling of single event effects[C]. Proceedings of the Nuclear and Space Radiation Effects Conference, Ponte Vedra Beach, USA, 2006.

[5] BLACK J, HOLMAN T. Circuit modeling of single event effects[C]. Proceedings of the Nuclear and Space Radiation Effects Conference, Ponte Vedra Beach, USA, 2006.

[6] 刘征. 单粒子效应电路模拟方法研究[D].长沙: 国防科技大学, 2006.

[7] JOHNSON G H, PALAU J M, DACHS C, et al. A review of the techniques used for modeling single-event effects in power MOSFETs[J]. IEEE Transactions on Nuclear Science, 1996, 43(2): 546-560.

[8] TITUS J L, WHEATLEY C F. Experimental studies of single-event gate rupture and burnout in vertical power MOSFETs[J]. IEEE Transactions on Nuclear Science, 1996, 43(2): 533-545.

[9] REED R A, CARTS M A, MARSHALL P W, et al. Heavy ion and proton-induced single event multiple upset[J]. IEEE Transactions on Nuclear Science, 1997, 44(6): 2224-2229.

[10] GADLAGE M J, KAY M J, DUNCAN A R, et al. Impact of neutron-induced displacement damage on the multiple bit upset sensitivity of a bulk CMOS SRAM[J]. IEEE Transactions on Nuclear Science, 2012, 59(6): 2722-2728.

[11] WOODRUFF R L, RUDECK P J. Three-dimensional numerical simulation of single event upset of an SRAM cell[J]. IEEE Transactions on Nuclear Science, 1993, 40(6): 1795-1803.

[12] 王丽君. 空间电子学的单粒子效应[J]. 空间电子技术, 1998,4:1-5.

[13] 谢红刚.Geant4 在微电子器件高能粒子辐射效应研究中的应用[D].西安: 西北核技术研究所,2006.

[14] QI C, WANG Y, BAI X, et al. Role of elastic scattering in low-energy neutron-induced SEUs in a 40-nm bulk SRAM[J]. IEEE Transactions on Nuclear Science, 2022, 69(5): 1057-1065.

[15] DODD P E, SCHWANK J R, SHANEYFELT M R, et al. Heavy ion energy effects in CMOS SRAMs[J]. IEEE Transactions on Nuclear Science, 2007, 54(4): 889-893.

[16] DODD P E, SCHWANK J R, SHANEYFELT M R, et al. Impact of heavy ion energy and nuclear interactions on single-event upset and latchup in integrated circuits[J]. IEEE Transactions on Nuclear Science, 2007, 54(6): 2303-2311.

[17] CELLERE G, PACCAGNELLA A, VISCONTI A, et al. Effect of ion energy on charge loss from floating gate memories[J]. IEEE Transactions on Nuclear Science, 2008, 55(4): 242-247.

[18] RAINE M, GAILLARDIN M, SAUVESTRE J, et al. Effect of the ion mass and energy on the response of 70-nm SOI transistors to the ion deposited charge by direct ionization[J]. IEEE Transactions on Nuclear Science, 2010, 57(4): 1892-1899.

[19] ECOFFET R, DUZELLIER S, FALGUERE D, et al. Low LET cross-section measurements using high energy carbon beam[J]. IEEE Transactions on Nuclear Science, 1997, 44(6): 2230-2236.

[20] 刘天奇. 重离子辐照参数对 SRAM 器件单粒子效应的影响研究[D]. 兰州: 中国科学院近代物理研究所, 2014.

[21] AKKERMAN A, BARAK J. Ion-track structure and its effects in small size volumes of silicon[J]. IEEE Transactions on Nuclear Science, 2002, 49(6): 3022-3031.

[22] TITUS J L, WHEATLEY C F, BURTON D I, et al. Simulation study of single-event gate rupture using radiation-hardened stripe cell power MOSFET structures[J]. IEEE Transactions on Nuclear Science, 1995, 50(6): 2256-2264.

[23] SEXTON F W, FLEETWOOD D M, SHANEYFELT M R, et al. Single event gate rupture in thin gate oxides[J]. IEEE Transactions on Nuclear Science, 1997, 44(6): 2345-2352.

[24] DING L, CHEN W, GUO H X, et al. Scaling effects of single-event gate rupture in thin oxides[J]. Chinese Physics B, 2013, 22(11): 118501.

[25] KNUDSON A R, CAMPBELL A B, HAMMOND E C. Dose dependence of single event upset rate in MOS dRAMs[J]. IEEE Transactions on Nuclear Science, 1983, NS-30(6):4508-4513.

[26] CAMPBELL A B, STAPOR W J. Single event upset sensitivity of IDT static RAMs[J]. IEEE Transactions on Nuclear Science, 1984, NS-31(6):1175-1177.

[27] 贺朝会, 耿斌, 王燕萍, 等. 重离子单粒子翻转截面与γ累积剂量的关系研究[J].核电子学与探测技术, 2002, 22(3): 228-230.

[28] SCHWANK J R, DODD P E, SHANEYFELT M R, et al. Issues for single event proton testing of SRAMs[J]. IEEE Transactions on Nuclear Science, 2004, 51(6): 3692-3700.

[29] SCHWANK J R, SCHWANK M R, FELIX J A, et al. Effects of total dose irradiation on single-event upset hardness[J]. IEEE Transactions on Nuclear Science, 2006, 53(4): 1772-1778.

[30] KOGA R, YU P, CRAWFORD K, et al. Synergistic effects of total ionizing dose on SEU sensitive SRAMs[C]. IEEE Radiation Effects Data Workshop, Quebec, QC, Canada, 2009.

[31] BHUVA B L, JOHNSON R L, GYURCSIK R S, et al. Quantification of the memory imprint effect for a charged particle environment[J]. IEEE Transactions on Nuclear Science, 1987, NS-34(6): 1414-1418.

[32] MATSUKAWA T, KISHIDA A, TANII T, et al. Total dose dependence of soft-error hardness in 64kbit SRAMs evaluated by single-ion microprobe technique[J]. IEEE Transactions on Nuclear Science, 1994, 41(6): 2071-2076.

[33] 丁李利, 郭红霞, 陈伟, 等. 累积辐照影响静态随机存储器单粒子翻转敏感性的仿真研究[J]. 物理学报, 2013, 62(18): 188502.

[34] ROCKETT L R. An SEU-hardened CMOS data latch design[J]. IEEE Transactions on Nuclear Science, 2002, 35(6): 1682-1687.

[35] KASNAVI A, WANG J W, SHAHRAM M, et al. Analytical modeling of crosstalk noise waveforms using Weibull function[C]. IEEE/ACM International Conference on Computer-Aided Design, San Jose, USA, 2004: 141-146.

[36] TUROWSKI M, RAMAN A, JABLONSKI G. Mixed-mode simulation and analysis of digital single event transients in fast CMOS ICs[C]. 14th International Conference on Mixed Design of Integrated Circuits and Systems, Ciechocinek, Poland, 2007.

[37] GASPARD N J, WITULSKI A F, ATKINSON N M, et al. Impact of well structure on single-event well potential modulation in bulk CMOS[J]. IEEE Transactions on Nuclear Science, 2011, 58(6): 2614-2620.

[38] BLACK J D, DAME J A, BLACK D A, et al. Using MRED to screen multiple-node charge-collection mitigated SOI layouts[J]. IEEE Transactions on Nuclear Science, 2019, 66(1): 233-239.

[39] BALBEKOV A O, GORBUNOV M S, ZEBREV G I. Circuit-level layout-aware modeling of single event effects in 65nm CMOS ICs[J]. IEEE Transactions on Nuclear Science, 2018, 65(8): 1914-1919.

[40] KAUPPILA J S, MASSENGILL L W, BALL D R, et al. Geometry-aware single-event enabled compact models for sub-50nm partially depleted silicon-on-insulator technologies[J]. IEEE Transactions on Nuclear Science, 2015, 62(4): 1589-1598.

[41] KAUPPILA J S, HAEFFNER T D, BALL D R, et al. Circuit-level layout-aware single-event sensitive-area analysis of 40-nm bulk CMOS flip-flops using compact modeling[J]. IEEE Transactions on Nuclear Science, 2011, 58(6): 2680-2686.

[42] DING L, CHEN W, WANG T, et al. Modeling the dependence of single event transients on strike location for circuit-level simulation[J]. IEEE Transactions on Nuclear Science, 2019, 66(6): 866-874.

[43] ZHANG Z, LIU J, HOU M, et al. Angular dependence of multiple-bit upset response in static random access memories

under heavy ion irradiation[J]. Chinese Physics B, 2013, 22(8): 086102.

[44] LI P, ZHANG M, ZHANG W, et al. Effect of charge sharing on SEU sensitive area of 40-nm 6T SRAM cells[J]. IEICE Electronics Express, 2014,11(4): 20140051.

[45] CHEN R，CHEN W, GUO X, et al. Improved on chip self-triggered single-event transient measurement circuit design and applications[J]. Microelectronics Reliability, 2017(71): 99-105.

[46] ZHANG H, JIANG H, THIAGO R, et al. Angular effects of heavy-ion strikes on single-event upset response of flip-flop designs in 16-nm bulk FinFET technology[J]. IEEE Transactions on Nuclear Science, 2017, 64(1): 491-496.

[47] PATRICK N, LLOYD W M, KAUPPILA J S,et al.Angular effects on single-event mechanisms in bulk FinFET technologies[J]. IEEE Transactions on Nuclear Science, 2018, 65(1): 223-230.

[48] ARTOLA L, HUBERT G, DUZELLIER S,et al.Collected charge analysis for a new transient model by TCAD simulation in 90nm technology [J]. IEEE Transactions on Nuclear Science, 2010, 57(4): 1869-1875.

[49] ARTOLA L, HUBERT G, WARREN K M,et al. SEU Prediction From SET modeling using multi-node collection in bulk transistors and SRAMs down to the 65nm technology node[J]. IEEE Transactions on Nuclear Science, 2011, 58(3): 1338-1346.

[50] KAUPPILA J S, STERNBERG A L, ALLES M L, et al. A bias-dependent single-event compact model implemented into BSIM4 and a 90nm CMOS process design kit[J]. IEEE Transactions on Nuclear Science, 2009, 56(6): 3152-3157.

[51] MESSENGER G C. Collection of charge on junction nodes from ion tracks[J]. IEEE Transactions on Nuclear Science, 1982, 29(6): 2024-2031.

[52] 黄海林, 唐志敏, 许彤. 龙芯 1 号处理器的故障注入方法与软错误敏感性分析[J]. 计算机研究与发展, 2006(10): 1820-1827.

[53] 张英武, 袁国顺. 微处理器故障注入工具与故障敏感度分析[J]. 半导体技术, 2008, 33(7): 4.

[54] 柳鑫炜. 星载计算机 SiP 单粒子效应建模与仿真[D]. 西安: 西安电子科技大学, 2020.

[55] 吴汉鹏. 星载计算机系统单粒子效应仿真方法研究[D]. 西安: 西安电子科技大学, 2020.

[56] CHO H，CHENG E，SHEPHERD T，et al. System-level effects of soft errors in uncore components[J]. IEEE Transactions on Computer Aided Design of Integrated Circuits & Systems, 2017, 36(9): 1497-1510.

[57] WANG N J, MAHESRI A, PATEL S J. Examining ACE analysis reliability estimates using fault-injection[J]. Computer Architecture News, 2007, 35(2):460-469.

[58] AMMAR M, HAMAD G B, MOHAMED O A, et al. Comprehensive vulnerability analysis of systems exposed to SEUs via probabilistic model checking[C]. 16th European Conference on Radiation and Its Effects on Components and Systems, Breman, Germany, 2016.

[59] WEI H, WANG Y, XING K. A preliminary study of SEE soft error propagation based on cellular automaton[C]. 16th European Conference on Radiation and Its Effects on Components and Systems, Breman, Germany, 2016.

[60] LANGE T, BALAKRISHNAN A, GLORIEUX M, et al. Machine learning to tackle the challenges of transient and soft errors in complex circuits[C]. IEEE 25th International Symposium on On-Line Testing And Robust System Design, Rhodes, Greece, 2019.

[61] 王忠明. SRAM 型 FPGA 的单粒子效应评估技术研究[D]. 北京: 清华大学, 2011.

[62] DING L, WANG Z, CHEN W, et al. Bitstream-based simulation for configuration SEUs in Xilinx Virtex-4 FPGAs[C]. 16th European Conference on Radiation and Its Effects on Components and Systems, Breman, Germany, 2016.

第4章 位移损伤仿真技术

空间辐射环境与核辐射环境中均能引发位移损伤，辐射在器件材料中产生位移损伤是一个从微观到宏观的过程，试验中可观测的主要是宏观性能的变化，模拟仿真可用于揭示微观性能变化过程。

4.1 位移损伤物理过程

位移损伤主要由高能质子、中子、重带电粒子、电子，甚至 γ 射线等引起，通过入射粒子与原子核的弹性碰撞，在材料内部使晶格原子离开初始位置形成初级反冲原子，进而与附近的晶格原子相互作用，沿径迹发生级联碰撞，产生更多的晶格缺陷并形成缺陷群，直至能量低于材料中产生位移损伤的阈值能量。经过长时间退火后，大部分位移缺陷发生迁移或者复合，最终消失，但还残留一定数量的永久性位移缺陷，导致器件性能发生变化。

空位和间隙原子之间，或者空位、间隙与掺杂原子之间能够形成稳定的、具有电特性的缺陷，硅材料中位移损伤产生的空位-间隙示意图如图 4.1 所示。例如，两个空位可以形成稳定的双空位缺陷，一个空位与一个掺杂原子(磷或者砷)可以形成 E 中心缺陷，一个空位与氧原子可形成 A 中心缺陷。缺陷的存在破坏了

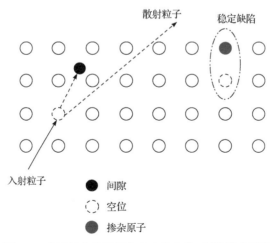

图 4.1　硅材料中位移损伤产生的空位–间隙示意图[1]

晶格的位能，在禁带中形成新的电子能级，可以充当载流子的产生复合中心，对电导率、载流子迁移率、少数载流子寿命等均存在影响。入射粒子通过碰撞产生的缺陷要么仅为独立的点缺陷，要么是点缺陷与微观结构十分复杂的缺陷团簇同时存在，如图 4.2 所示，具体情况与入射粒子的质量和能量密切相关。

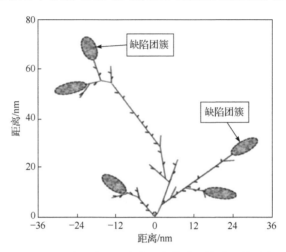

图 4.2　　50keV 硅反冲原子造成的点缺陷和缺陷团簇示意图[2]

　　缺陷形成后将发生退火，最终形成的稳定缺陷才是影响器件性能的主要因素。位移损伤效应的退火机制主要有三种：注入退火、短期退火和长期退火。注入退火主要是由自由载流子与缺陷相互作用导致的退火效应，自由载流子既可以通过电注入也可以通过电离激发产生。以钴源 γ 射线在 P 型硅中产生的点缺陷为例[3]，利用电子注入能够产生显著的退火，这主要是由于通过电子注入将空位的电荷态由中性变为负电性，增强了空位缺陷的迁移能力。位移损伤效应更关注的是电子器件的短期退火和长期退火。图 4.3 给出了室温下体硅器件经过脉冲中子辐照后载流子寿命或者电流增益随辐照后时间的变化情况，电参数在辐照瞬间发生突降后随着时间延长逐渐恢复，导致载流子寿命退化的效果随时间而减弱。在损伤产生后很快开始的退火称为快退火，主要发生在辐照后几分钟至 1 小时内，之后的损伤称为"永久性损伤"，这种损伤实际上在"年"的时间尺度上依然会发生长期的慢退火现象。一般在辐射效应研究中人们更关注的是快退火之后的稳定损伤。

　　位移损伤引入的缺陷破坏了晶格周期性，在带隙中引入了新的能级位置。Srour 和 McGarrity 的研究表明，位移损伤缺陷对电学性能的影响包括电子空穴产生、电子空穴复合、载流子俘获、施主和受主补偿、载流子隧穿五个过程[4]，如图 4.4 所示。不同的能级位置对效应的影响也不同：①靠近带隙中间的能级，是

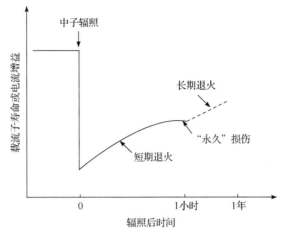

图 4.3   体硅器件受中子辐照后在室温条件下的短期退火和长期退火[5]

电子空穴对的热生成中心，可导致电路暗电流的增加；②位于带隙中间区的一些局部态能够作为复合中心，可缩短少数载流子寿命，降低晶体管增益；③位于导带边缘的浅陷阱能级可以暂时俘获电荷，再通过热激发辐射出去，无论是多数载流子还是少数载流子都会被俘获，差别只在于它们在不同的能级上被俘获，这个过程在电荷耦合器件(CCD)中尤为显著，能够减小电荷迁移率；④辐射产生的陷阱能够补偿多数载流子，如深受主缺陷能够补偿靠近价带的施主，导致载流子去除；⑤引入的缺陷能级能够形成两个短的隧穿过程，在缺陷能级辅助下的隧穿效应可能会导致泄漏电流的增大。

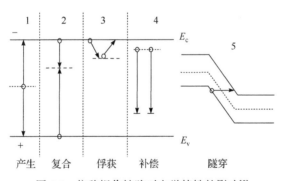

图 4.4   位移损伤缺陷对电学特性的影响[5]

图 4.5 给出了载流子寿命、浓度、迁移率随中子注量累积的变化情况，可以看出，位移损伤主要导致少数载流子寿命缩短、载流子浓度下降和载流子迁移率降低，反映出器件对于位移损伤的敏感程度。双极器件电学性能与少数载流子寿命密切相关，初始载流子寿命越长，受位移损伤影响就越显著。

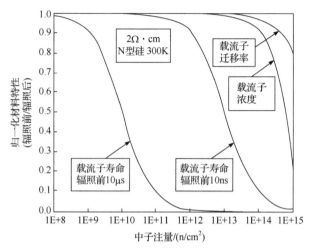

图 4.5　载流子寿命、浓度、迁移率的相对变化与中子注量的依赖关系[5]

4.2　位移损伤多尺度模拟方法

　　多尺度模拟方法是研究材料辐照效应的重要手段, 其中分子动力学方法可以模拟材料中产生位移损伤的离位级联、热峰阶段和缺陷初步演化, 动力学蒙特卡洛方法可以模拟缺陷和缺陷团簇的迁移、扩散、复合、捕获和解离等。

4.2.1　辐照诱发缺陷计算

　　分子动力学模拟的基本思想是假定在由大量粒子构成的复杂系统中, 采用原子核和电子提供的经验势场, 按照牛顿运动定律还原每个粒子的位置和速度, 通过统计物理学得到复杂体系的宏观性质。其关键所在是精确求解复杂多粒子系统中的牛顿运动方程, 所采用势函数的合理性直接决定着模拟结果准确性、计算量大小、运算效率高低等各个方面, 必要时可选择多个势函数描述不同类型的相互作用, 如硅原子之间的相互作用采用 Tersoff 势函数进行描述, 短程相互作用采用 Ziegler-Biersack-Littmark 势函数进行描述。

　　美国圣地亚国家实验室开发的分子动力学程序大规模原子/分子并行模拟器 (LAMMPS)具有良好的可移植性、扩展性, 操作简单, 已成为目前分子动力学模拟的主流软件。考察重离子辐照引发的位移损伤时, 可以采用如图 4.6 所示的流程开展模拟计算。Data 文件为所构建的模型, In 文件包括六个部分: 一是初始模拟的设置命令, 如单位、原子类型和周期性等; 二是初始模型构建命令, 如晶格类型及常数、区域大小、原子种类及质量等; 三是势函数类型的设置命令; 四是模拟过程参数的设置命令, 如入射原子速度及方向、系综的选择(设定是否存在能量交换、粒子交换、体积交换)等；五是输出命令，定义输出文件所包含的信息，如原子坐标、模拟时间、体系动力学信息等；六是模拟的运行计算。在结果分析部分，通过设定判据对输出结果进行处理，如采用最近邻原子判据提取间隙原子和空位缺陷的位置信息。

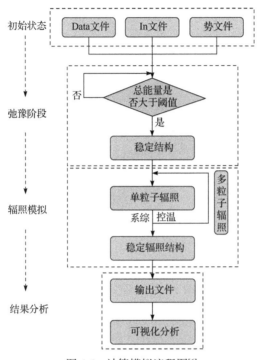

图 4.6　计算模拟流程图[6]

GaAs 纳米线由于理论上具有优异的光电、导热和机械性能，可作为未来纳米光电器件的候选结构。GaAs 纳米线在合成、制备过程中不可避免地因遭受重离子辐照而诱发位移损伤，利用分子动力学方法可以探究其缺陷产生、累积机理。

图 4.7(a)为所构建的 GaAs 纳米线模型，以[111]晶体方向为轴，由三个基本四面体键组成的模块(C、B、A)按照有序的序列排列而成，其中每个模块均为包含一个 Ga—As 的紧密排面。随后，通过在体相材料中移除多余原子，构建了一个具有三重对称性的 GaAs 纳米线。如图 4.7(b)所示，在距离纳米线正上方随机选取 Ga 离子，赋予一定动能沿特定角度入射[6]。

图 4.8 给出了分子动力学模拟得到的缺陷演化结果。如图 4.8(a)所示，3keV Ga 离子辐照过程中，空位和间隙原子表现出先上升后下降，最后趋于稳定的趋势。由于出现了溅射损伤，许多表面原子因为离子轰击而与其他原子失去相互作用，与表面分离形成溅射原子，所以随着热峰的出现，溅射原子数量逐渐趋于稳

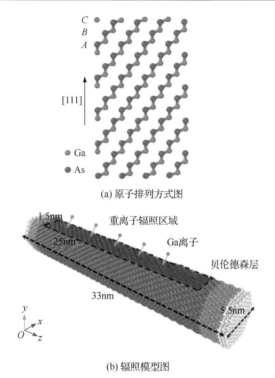

(a) 原子排列方式图

(b) 辐照模型图

图 4.7　GaAs 纳米线原子排列方式图和辐照模型图[6]

定状态。如图 4.8(b)所示，在低能量下，GaAs 纳米线中的缺陷数量大于体材料中的数量，其主要原因是表面效应的存在，间隙缺陷具有较高的迁移率，会自动迁移到表面形成吸附原子。随着能量的增加，稳态缺陷到达最大值后开始减少，其原因是发生弹性碰撞传递能量次数减少，从而使缺陷产生的概率降低[6]。

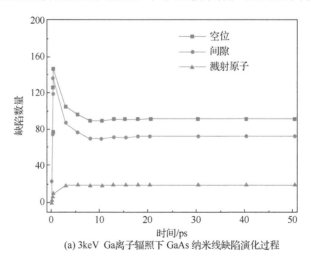

(a) 3keV Ga离子辐照下 GaAs 纳米线缺陷演化过程

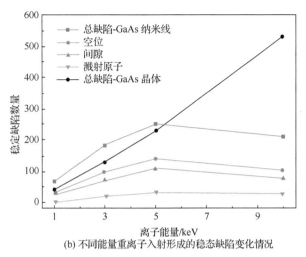

(b) 不同能量重离子入射形成的稳态缺陷变化情况

图 4.8　分子动力学模拟得到的缺陷演化结果[6]

4.2.2　缺陷演化和迁移研究

分子动力学方法只适用于纳米空间尺度和皮秒时间内的模拟计算，其模拟结果难以与宏观的实验结果进行比较。分子动力学与动力学蒙特卡洛方法相结合可以定量计算器件位移损伤导致的电学性能退化。

采用美国圣地亚国家实验室开发的分子动力学程序 LAMMPS 模拟级联碰撞过程，提取间隙原子和空位缺陷的位置坐标信息，作为动力学蒙特卡洛方法的输入参数，接下来采用动力学蒙特卡洛程序 MMonCa 模拟缺陷的长时间演化行为。

例如，计算有源像素传感器中光电二极管辐照后的电流退火行为[7]，图 4.9 给出了分子动力学与动力学蒙特卡洛方法结合得到位移损伤缺陷随时间的变化，表征一个 10keV 初始反冲原子入射硅产生的缺陷在不同时刻的空间分布，其中205.3ps 内的数据来源于分子动力学计算，之后的数据来源于动力学蒙特卡洛计算。可以看出，二者的衔接处一致性很好，缺陷形态并未发生明显变化，缺陷数量表现为先增大后减小趋于稳定，最终发生显著下降。

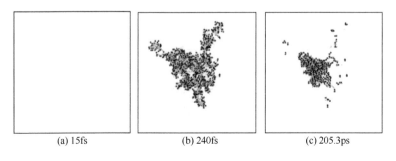

(a) 15fs　　　　　　　　(b) 240fs　　　　　　　　(c) 205.3ps

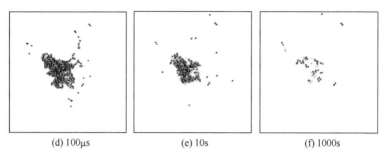

(d) 100μs　　　　　　　(e) 10s　　　　　　　(f) 1000s

图 4.9　分子动力学与动力学蒙特卡洛方法结合得到位移损伤缺陷随时间的变化[7]

在此基础上，通过构建缺陷与少数载流子寿命之间的相关关系表达式，求取少数载流子寿命减小导致的反偏泄漏电流增加，计算即可得到光电二极管反偏泄漏电流发生了类似的退火演化。

4.3　位移损伤粒子输运仿真

粒子输运方法被广泛应用于位移损伤研究中，可用于开展器件灵敏区域内沉积的非电离能损计算、不同源位移损伤等效、光电类器件的位移损伤评估等研究。

位移损伤粒子输运仿真的基本流程与 3.2.1 小节中单粒子效应粒子输运仿真的基本流程相类似，特别是探测器结构构建、粒子源设定方面基本一致。由于位移损伤需记录粒子在器件材料中输运在灵敏体积内沉积的非电离能损，需保证包含库仑相互作用、弹性核碰撞和非弹性核碰撞等物理模型，同时针对性设定追踪方式和结果输出。

4.3.1　不同源引发的位移损伤差异研究

西安脉冲反应堆(XAPR)和中国散裂中子源(CSNS)均为开展位移损伤试验的重要模拟源，其中西安脉冲反应堆中子能量在 10keV～10MeV 范围内，平均值约为 1MeV，中国散裂中子源能谱相对更硬，小于 0.1MeV 的中子占比约 14%，0.1～1MeV 范围内中子占比约 40%，1～20MeV 范围内中子占比约 41%，高于 20MeV 中子占比约 5%。

利用粒子输运仿真分别计算西安脉冲反应堆和中国散裂中子源在硅材料中的单位质量释放动能(KERMA)因子，其定义为在材料单位质量中的非电离能量沉积，在以往的研究中，非电离 KERMA 因子和位移损伤被认为存在线性等效关系[8]。构建中子在硅材料中输运的几何模型如图 4.10 所示，将入射中子的能谱按照西安脉冲反应堆和中国散裂中子源的实际中子能谱进行区间划分，根据每个能量区间进行抽样。

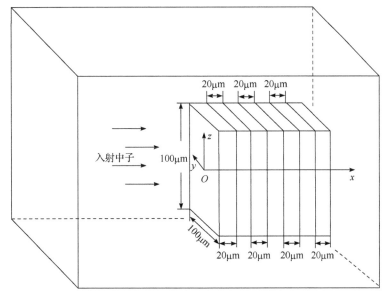

图 4.10　中子在硅材料中输运的几何模型[9]

　　物理模型方面，选择电磁学模型用于描述轻子、光子、强子和离子之间的电磁相互作用，计算中考虑电离、韧致辐射、多重散射、康普顿散射和瑞利散射、光电效应、电子对产生、湮没、同步和跃迁辐射等效应。选取基于标准数据库的强子、离子和介子的弹性和非弹性过程模型。利用目标核的实际核子分布模型，将二元级联模型实现为精确的核内级联模型，碰撞概率基于入射粒子与每个目标核子的碰撞参数。基于弹性、非弹性和俘获中子截面的经验数据，建立 20MeV 以下能量中子输运的高精度模型。此外，还需考虑输运、衰变、湮没和激发过程，以进一步优化模拟[9]。

　　图 4.11 为计算得到散裂中子源电离/非电离能量沉积随硅电介质厚度的变化，非电离能量沉积主要来自入射中子与靶原子的相互作用和二次带电粒子与靶原子的库仑相互作用。由于硅介质的厚度远远小于入射中子在硅材料中的射程，因此能量沉积能够均匀地分布在每个硅层中，累积的电离和非电离能量损失随硅介质的厚度呈线性增加。最终计算得到的结果为散裂中子源非电离 KERMA 因子等于 3.03×10^{-13}Gy(Si)/cm^2，反应堆对应的非电离 KERMA 因子等于 3.27×10^{-13}Gy(Si)/cm^2，二者之间的比值约为 0.93。

　　选取三类双极器件 LP1 横向 PNP(LPNP)晶体管、SP1 衬底 PNP(SPNP)晶体管和 N3 纵向 NPN(VNPN)晶体管作为研究对象，开展了西安脉冲反应堆和中国散裂中子源环境下中子辐射效应实验。在辐照过程中所有器件的管脚全部短接，在固定注量点辐照后对器件的增益参数进行了测试，结果如图 4.12 所示。

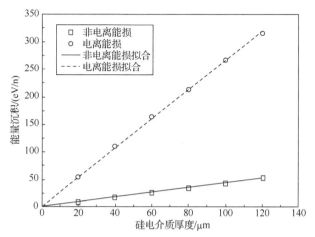

图 4.11 计算得到散裂中子源电离/非电离能量沉积随硅电介质厚度的变化[9]

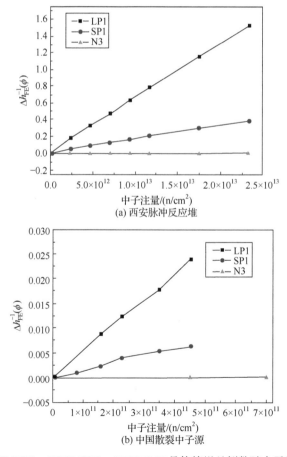

(a) 西安脉冲反应堆

(b) 中国散裂中子源

图 4.12 LPNP(LP1)、SPNP(SP1)、VNPN(N3)晶体管增益倒数随中子注量的退化[9]

定义晶体管增益退化的损伤因子 k 等于增益退化 Δh_{FE}^{-1} 与中子注量的比值，图 4.13 给出了三种不同结构晶体管损伤因子，西安脉冲反应堆和中国散裂中子源环境对应的损伤因子呈现出良好的线性相关性，线性拟合得到的斜率为 0.89，与理论计算值之间的偏差为 4.5%，验证了粒子输运方法计算得到 KERMA 因子结果的可信性，且该参数确实能够反映不同源引发的位移损伤差异。

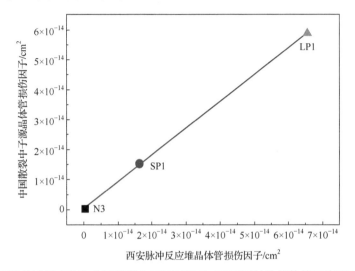

图 4.13　西安脉冲反应堆和中国散裂中子源环境下三种不同结构晶体管损伤因子的比较[9]

4.3.2　CMOS 图像传感器位移损伤研究

CMOS 图像传感器具有体积小、质量轻、功耗低、集成度高、抗电离总剂量辐照能力强等优点，已逐步应用于星敏感器、太阳敏感器、遥感卫星等，在星识别、恒星跟踪、姿态确定、空间对接、特征跟踪、着陆控制、降落成像和目标跟踪等空间任务中发挥了重要的作用[10]。利用粒子输运仿真评估 CMOS 图像传感器位移损伤，可用于深入了解位移损伤诱发 CMOS 图像传感器暗信号噪声产生的物理机制。

依据实际像素单元的尺寸、结构信息构建如图 4.14 所示的 CMOS 图像传感器像素单元模拟模型，依据掺杂分布推测出空间电荷区大小，作为位移损伤敏感区域[11]。

为更加直观地揭示像素单元之间辐照损伤的差异而导致 CMOS 图像传感器敏感参数退化的物理机制，在单个像素单元模型的基础上建立了 100×100 像素单元 CMOS 图像传感器模拟模型，如图 4.15 所示。模拟过程中，辐射粒子源为面源，粒子入射方向与 CMOS 图像传感器表面垂直。

图 4.16 给出了 1MeV 中子与硅材料碰撞产生初始反冲原子(PKA)的能谱分

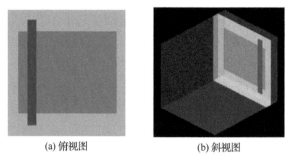

(a) 俯视图　　　　　　　　(b) 斜视图

图 4.14　CMOS 图像传感器像素单元模拟模型[11]

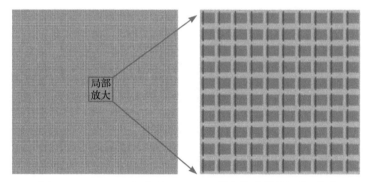

图 4.15　100×100 像素单元 CMOS 图像传感器模拟模型[11]

布，可以看出，其大致服从指数分布。由于单次碰撞产生体缺陷的数量与中子同物质碰撞后产生初始反冲原子的能量成正比，而表征 CMOS 图像传感器位移损伤严重程度的暗信号噪声与缺陷数目直接相关，因此可以默认位移损伤中每次弹性核碰撞或非弹性核碰撞诱发的暗信号噪声值呈指数分布。以此为基础，可以计算得到暗信号分布，实现利用仿真手段评估 CMOS 图像传感器位移损伤严重程度。

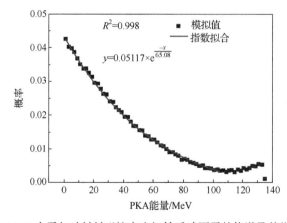

图 4.16　1MeV 中子与硅材料碰撞产生初始反冲原子的能谱及其指数拟合[11]

4.4　位移损伤器件级仿真

利用器件级仿真手段可以计算位移损伤影响器件电学性能的物理图像，这对于认识微观机制、有针对性提出加固设计手段具有重要意义。

4.4.1　位移损伤器件级仿真基本流程

位移损伤器件级仿真建模的过程中，最重要的环节是合理引入损伤效应模型，通常有两种途径。其一是直接修改少数载流子寿命，将其作为位移损伤产生缺陷对应的主要效果[5]，参照下式：

$$\frac{1}{\tau_{\mathrm{r}}} = \frac{1}{\tau_{\mathrm{r0}}} + \frac{\Phi}{K_{\mathrm{r}}} \tag{4.1}$$

式中，τ_{r} 与 τ_{r0} 分别是辐照后与辐照前的少数载流子寿命；Φ 是入射粒子注量，常见粒子为中子；K_{r} 是少数载流子寿命损伤系数。

少数载流子寿命随入射中子注量的典型变化关系如图 4.17 所示，基于该少数载流子寿命模型可对中子位移损伤开展器件级仿真。

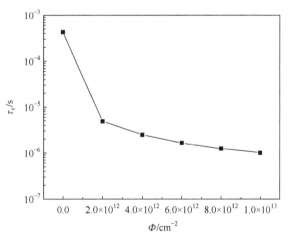

图 4.17　少数载流子寿命随入射中子注量的典型变化关系[12]

其二是在器件结构模型中直接添加辐照损伤参数。相关研究表明，位移损伤引入的缺陷近似均匀分布，粒子能量和注量不同时，主要体现为缺陷浓度发生变化，对能级位置和载流子俘获截面的影响较小。缺陷浓度与辐照注量之间的关系可以表示为 $N_T = \eta \cdot \Phi$，其中 Φ 为入射粒子注量，常见粒子为中子。缺陷参数还包括辐照在半导体材料中引入的缺陷能级位置、缺陷类型、载流子俘获截面和缺陷引入率等，具体数值可以通过深能级瞬态谱实测得到，也可以参照文献中的数值进行设定，典型值如表 4.1 所示[13]。

表 4.1 中子辐照后 P 型硅中的能级缺陷[13]

能级位置	简称	电子俘获截面 σ_n/cm²	空穴俘获截面 σ_p/cm²	缺陷引入率 η/cm⁻¹
E_c−0.42eV	V-V	$2×10^{-15}$	$2×10^{-14}$	1.613
E_c−0.46eV	VVV	$5×10^{-15}$	$5×10^{-14}$	0.9
E_v+0.36eV	CiOi	$2.5×10^{-14}$	$2.5×10^{-15}$	0.9

注：E_c指导带底能级位置，E_v指价带顶能级位置。

4.4.2 位移损伤诱发双极晶体管性能退化研究

少数载流子寿命的退化是以少数载流子为导电机理的电子元器件对中子辐射敏感的主要因素。除材料和工艺条件外，双极晶体管的电流增益在很大程度上取决于少数载流子寿命，因此双极晶体管的电流增益对中子辐射非常敏感。

依据 4.4.1 小节所述第一种途径引入位移损伤模型，执行器件仿真即可得到不同注量中子辐照后对应的器件电学特性。图 4.18 为横向 PNP 晶体管的基极电流 I_B、集电极电流 I_C 随基极–发射极电压 V_{BE} 变化的模拟结果。可以看出，随着中子注量的增加，横向 PNP 晶体管的基极电流 I_B 逐渐增大，在 V_{BE} 为−0.8～−0.2V 的范围内，基极电流的增量显著；集电极电流 I_C 基本保持不变。因此，可以直观推测出共射极电流增益峰值 $h_{FE,peak}$ 在中子辐照后大幅下降。

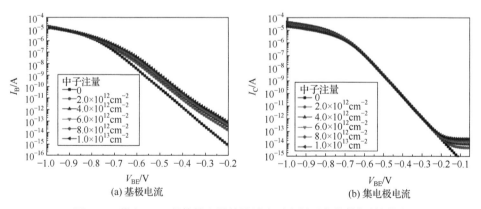

图 4.18 横向 PNP 晶体管电学特性随中子注量退化的模拟结果[12]

在固定的集电极电流下求共射极电流增益的倒数 h_{FE}^{-1}，并求得不同中子注量 Φ 下共射极电流增益倒数的变化量 $\Delta h_{FE}^{-1}(\Phi)$，对 $\Delta h_{FE}^{-1}(\Phi)$ 随 Φ 的变化进行过零线性拟合，结果如图 4.19 所示，$\Delta h_{FE}^{-1}(\Phi)$ 与 Φ 基本呈线性关系。基极电流 I_B、集

电极电流 I_C 和共射极电流增益 h_{FE} 的退化符合横向 PNP 晶体管的实验规律，共射极电流增益峰值 $h_{FE,peak}$ 的模拟结果与实验结果吻合较好，这说明了中子位移效应器件级仿真模型的正确性。

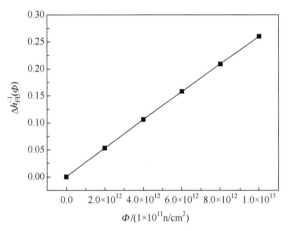

图 4.19　横向 PNP 晶体管共射极电流增益倒数的变化量随中子注量退化的模拟结果[12]

4.4.3　位移损伤诱发 CMOS 图像传感器性能退化研究

相对于多尺度模拟方法和粒子输运仿真，位移损伤器件级仿真能够直接建立电学参数退化与缺陷特征之间的联系，不需要采取近似或假设。

依据 4.4.1 小节所述第二种途径引入位移损伤模型，通过记录无光照条件下收集信号电荷的浮置扩散(floating diffusion，FD)节点输出的电压信号，评估器件内产生的暗信号大小。图 4.20 给出了模拟得到暗信号随中子注量增加的退化情况，可以看出，暗信号退化幅度与中子注量之间近似呈线性正相关关系。

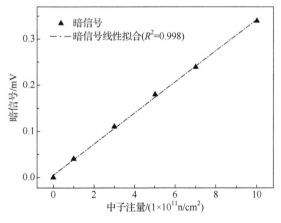

图 4.20　暗信号随中子注量增加的退化情况[14]

利用器件级仿真分别分析了三种典型缺陷对于暗信号的影响，如表 4.2 所示。可以看出，VVV 中心(E_c–0.46eV)对暗信号影响最大，V-V 中心(E_c–0.42eV)和 CiOi(E_v+0.36eV)对暗信号影响较小。

表 4.2　不同位移损伤缺陷诱发 CMOS 图像传感器暗信号退化模拟结果[14]

中子注量/(n/cm²)	暗信号(E_c–0.46eV)/V	暗信号(E_c–0.42eV)/V	暗信号(E_v+0.36eV)/V
1×10^{11}	0.00048	0.00006	0.00005
3×10^{11}	0.00143	0.00018	0.00015
5×10^{11}	0.00235	0.0003	0.00026
7×10^{11}	0.00325	0.00042	0.00036
1×10^{12}	0.00456	0.00061	0.00052

4.5　位移损伤电路级仿真

利用电路级仿真手段可以在设计阶段预测集成电路位移损伤敏感性，甄别其中的敏感模块或敏感底层器件。

4.5.1　位移损伤电路级仿真基本流程

为开展位移损伤电路级仿真，首先需针对待研究的工艺平台，构建底层器件位移损伤模型库。常规思路是设计生产不同种类底层器件的专用测试结构并流片，随后在中子/质子等引发位移损伤的辐照环境中开展辐照试验，获取不同种类底层器件位移损伤实测数据，定量构建单管级位移损伤模型库。位移损伤电路级仿真通常针对较为敏感的双极工艺平台和模拟类电路。

为保证位移损伤模型库的通用性和完备性，专用测试结构需涵盖双极工艺平台的所有类型双极晶体管，包括不同发射区面积的纵向 NPN 晶体管、横向 PNP 晶体管、衬底 PNP 晶体管等。通常认为位移损伤与辐照过程中的偏置状况无关，可以采用不加电辐照的方式获取实测数据。

与 MOS 管类似，双极晶体管用于电路级仿真的集约模型中同样包含大量参数，构建位移损伤模型库的过程中需要按照对位移损伤敏感或对晶体管电性影响较大的原则甄选出位移损伤敏感参数，获取并记录每个敏感参数在辐照前后的变化。

评价模拟类电路位移损伤严重性时，将底层器件模型全部置换为位移损伤模型库中辐照后的模型，具体操作是将敏感参数的取值全部替换为辐照后的数值，执行电路级仿真，此时得到的电路电学特性即对应辐照后的位移损伤表征。

4.5.2　利用电路级仿真计算模拟电路位移损伤敏感性

选取某双极工艺平台，开展双极晶体管测试结构的设计和流片用于辐射效应建模，为了保证双极工艺辐射效应模型库构建的通用性和完备性，设计包含不同发射区面积的纵向 NPN 晶体管(VNPN)11 种、横向 PNP 晶体管(LPNP)8 种、衬底 PNP 晶体管(SPNP)8 种，实现了对该双极工艺平台 PDK 库中的所有类型双极晶体管的全覆盖。

对流片得到的双极晶体管在西安脉冲反应堆开展中子辐照实验，辐照中子注量分别为 $2×10^{12}cm^{-2}$、$5×10^{12}cm^{-2}$、$8×10^{12}cm^{-2}$ 和 $1×10^{13}cm^{-2}$，辐照后采用高精度的半导体参数分析仪 B1500 对晶体管开展直流特性的离线测试，获取晶体管中子位移损伤测试数据。

对辐照后的每个双极晶体管样品进行移位离线测试，测试的直流电学曲线特性包括厄利特性、根梅尔–普恩(Gummel-Poon)模型特性和增益特性。其中厄利特性指的是晶体管发射极接地，在不同的基极电压下，测试集电极电流随集电极电压的变化；Gummel-Poon 模型特性指的是集电极与基极短接，测试基极电流、集电极电流随发射极电压的变化；增益特性指的是基极接地，在不同集电极电压下，测试基极电流、集电极电流随发射极电压的变化，得到电流增益随集电极电流的变化。

依据双极晶体管提取集约模型参数的典型流程，基于所测到的电学特性曲线提取得到 11 个敏感参数对应不同中子注量下的取值，完成了针对该双极工艺平台的位移损伤模型库构建。

分别设计横向 PNP 晶体管为输入级和衬底 PNP 晶体管为输入级的两款运算放大器 LM158L 和 LM158V，原理框图如图 4.21 所示，组成运算放大器的所有晶体管均为该双极工艺平台 PDK 库内的晶体管类型[15]。

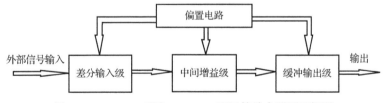

图 4.21　LM158L 型和 LM158V 型运算放大器原理框图

通过调用已构建完成的双极晶体管中子位移损伤模型库，开展电路级仿真以获得不同注量中子辐照后输入级偏置电流 I_{ib}、输入级偏移电流 I_{io}、输出级偏移电压 V_{io} 等参数的退化情况，LM158L 型和 LM158V 型运算放大器电学参数仿真与实测结果如图 4.22 所示，其中曲线代表仿真结果，带误差棒的数据点为实测结果，可以看出，二者之间符合程度非常高。

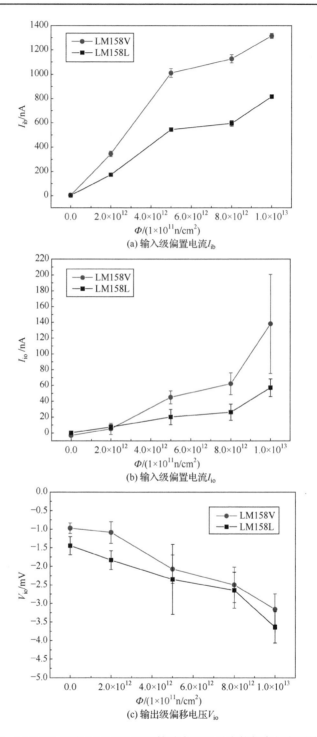

图 4.22　LM158L 型和 LM158V 型运算放大器电学参数仿真与实测结果[15]

4.6　小　　结

本章主要介绍了位移损伤仿真技术。首先介绍了位移损伤的物理过程；其次介绍了位移损伤多尺度模拟方法，利用分子动力学方法计算辐照诱发缺陷，利用分子动力学与动力学蒙特卡洛方法相结合研究缺陷演化和迁移；再次介绍了位移损伤粒子输运仿真，利用粒子输运仿真研究不同源引发的位移损伤差异，利用粒子输运仿真评估面阵 CMOS 图像传感器位移损伤；从次介绍了位移损伤器件级仿真的基本流程和典型用例，利用器件级仿真研究位移损伤诱发双极晶体管性能退化，利用器件级仿真研究位移损伤诱发 CMOS 图像传感器性能退化；最后介绍了位移损伤电路级仿真的基本流程和典型用例，利用电路级仿真计算模拟电路位移损伤敏感性。

参 考 文 献

[1] MARSHALL C J, MARSHALL P W. Proton effects and test issues for satellite designers: Displacement effects[C]. Proceedings of the Nuclear and Space Radiation Effects Conference, Norfolk, USA, 1999.

[2] VANLINT V J, LEADON R E, COLWELL J F. Energy dependence of displacement effects in semiconductors[J]. IEEE Transactions on Nuclear Science, 1972, 19(6): 181-185.

[3] GREGORY B L. Injection-stimulated vacancy reordering in p-type silicon at 76K[J]. Journal of Applied Physics , 1965, 36(12): 3765-3769.

[4] SROUR J R, PALKO J W. Displacement damage effects in irradiated semiconductor devices[J]. IEEE Transactions on Nuclear Science, 2013, 60(3): 1740-1766.

[5] SROUR J R, MARSHALL C J, MARSHALL P W. Review of displacement damage effects in silicon devices[J]. IEEE Transactions on Nuclear Science, 2003, 50(3): 653-670.

[6] 贾同轩. 辐照诱发缺陷的理论模拟研究[D]. 长沙: 湘潭大学, 2022.

[7] 唐杜, 贺朝会, 臧航, 等. 硅单粒子位移损伤多尺度模拟研究[J]. 物理学报, 2016, 65(8):084209.

[8] American Society for Testing and Materials. Standard practice for characterizing neutron energy fluence spectra in terms of an equivalent monoenergetic neutron fluence for radiation-hardness testing of electronics[S]. US: Annual Book of ASTM Standards E 722-14, 2007.

[9] 刘岩. 双极型晶体管位移损伤与电离总剂量协和效应机理研究[D]. 西安: 西安交通大学, 2020.

[10] PIERRE M. Detection of visible photons in CCD and CMOS: A comparative view[J]. Nuclear Instruments and Methods in Physics Research Section A, 2003, 504(3):199-212.

[11] 薛院院. PPD CMOS 图像传感器质子辐照效应实验研究与理论模拟[D].西安: 西北核技术研究所, 2017.

[12] 王晨辉. 横向 PNP 晶体管中子、γ 协和效应机理研究[D]. 西安: 西北核技术研究所, 2016.

[13] PETASECCA M, MOSCATELLI F, PASSERI D, et al. Numerical simulation of radiation damage effects in p-type and n-type FZ silicon detectors[J]. IEEE Transactions on Nuclear Science, 2006, 53(5): 2971-2977.

[14] 杨飚. 4T PPD CMOS 图像传感器位移效应理论模拟研究[D].西安: 火箭军工程大学，2021.

[15] WANG C, DING L, CHEN W, et al. Investigation of neutron displacement effects in bipolar amplifiers with lateral and substrate PNP input transistors[J]. IEEE Transactions on Nuclear Science, 2022, 69(8): 1979-1985.

第5章　瞬时剂量率效应仿真技术

瞬时剂量率效应是非常重要的一类核辐射效应，其仿真手段可用于揭示物理机制、检验加固技术的有效性。

5.1　瞬时剂量率效应物理过程

瞬时剂量率效应的起源是 γ 射线与器件材料的相互作用，主要有三种机制：光电效应、康普顿效应和电子对效应。当 γ 射线能量较低时，光电效应和康普顿效应同时存在，当 γ 射线能量高于 1.02MeV 时，电子对效应也会参与其中，光子与物质相互作用三种效应比重与物质原子序数和光子能量的依赖关系如图 5.1 所示。

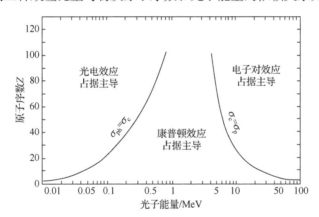

图 5.1　光子与物质相互作用三种效应比重与物质原子序数和光子能量的依赖关系[1]

低能 γ 射线入射高 Z 材料时，光电效应起主要作用，随着能量的增加，康普顿效应的比重有所增加，对于高能 γ 射线和高 Z 介质，电子对效应将形成压倒性优势。

在较宽的能量范围内(0.1～10MeV)，γ 射线和硅材料的相互作用以康普顿效应为主。当 γ 射线入射半导体材料，部分光子能量被材料吸收引起电离，在材料中产生电子空穴对。产生一个电子空穴对的平均能量约为材料禁带宽度的 3 倍。在硅中，产生一个电子空穴对的平均能量为 3.6eV。如 γ 射线强度随时间而变化，电子空穴对的产生率也随时间变化。

PN 结示意图如图 5.2 中所示，假如产生电子空穴对的区域内或附近存在电场，且电场的方向与 PN 结势垒的方向一致，这时电子和空穴就会被电场扫出，引起光电流流动。具有 PN 结基本结构的二极管、晶体管及其他各种半导体器件中均会产生光电流。

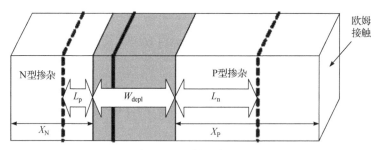

图 5.2　PN 结示意图[2]

辐射感生光电流包括两部分：瞬时光电流和扩散光电流。瞬时光电流指的是电场辅助下漂移收集形成的光电流，在电场作用下，耗尽区中产生的电子空穴对立即被收集形成电流，瞬时光电流方向从 N 区指向 P 区，大小与瞬时辐射剂量率、耗尽区体积成正比。扩散光电流指的是耗尽区外产生的电子空穴对扩散到达耗尽区而被收集，形成光电流的扩散分量。一般情况下可以认为：耗尽区外一个扩散长度内产生的载流子都可以被收集产生光电流，一个扩散长度外的载流子在扩散过程中发生复合因而不能被收集，对光电流没有贡献。扩散长度是一个统计概念，可以使对光电流有贡献的载流子分布区域具体化、可视化。

集成电路在瞬时电离辐射作用下，无论是数字电路还是模拟电路，都可能因为光电流作用引起电路状态或输出信号产生错误变化[3]。

数字电路的瞬时剂量率响应表现为扰动、翻转和闩锁。在瞬时电离辐射作用下，CMOS 数字电路中每个 PN 结都产生感生的光电流，并且均从 N 区流向 P 区，称为局部光电流，局部光电流可能引发输出扰动或翻转。与此同时，如图 5.3 所示的数字电路中典型电源分布，在金属互连线中产生全局光电流使得芯片电源总线上产生明显的电压降，导致内部存储单元的噪声容限下降甚至消失，从而引发大面积的翻转，这种现象称为路轨塌陷效应。CMOS 结构中含有寄生的 PNPN 路径结构，瞬时电离辐射感生光电流可以引发可控硅效应，使得电源和地之间处于一种几乎短路的低阻状态，从而流过很高的电流，如果在辐照后仍保持低阻状态，该电路就产生了闩锁。

模拟电路的瞬时剂量率响应表现为扰动或烧毁。模拟电路中晶体管处于线性放大工作区，在受到瞬时电离辐照时，产生的电子空穴对很容易使晶体管偏离线性区，从而使模拟电路表现出比数字电路更为敏感而复杂的扰动，严重时可导致

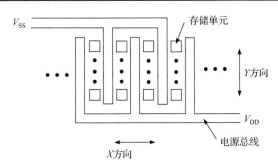

图 5.3　数字电路中典型电源分布[4]

器件烧毁，造成永久损伤。

5.2　瞬时剂量率效应器件级仿真

利用器件级仿真手段可以计算瞬时剂量率效应作用的微观过程，也可以用于验证加固方法的有效性。

5.2.1　瞬时剂量率效应器件级仿真基本流程

在器件级仿真中需合理添加瞬时强辐射产生过剩载流子的时间分布，作为瞬时剂量率效应器件级仿真的初始条件。

5.1 节中已经提及，核辐射环境中 γ 射线和硅材料的相互作用以康普顿效应为主。假如 γ 射线强度随时间而变化，电子空穴对的产生率也将随时间按比例变化。对于硅材料，产生一个电子空穴对的平均能量为 3.6eV。每 1rad(Si)吸收剂量产生的电子空穴对密度约为 $4.2 \times 10^{13} \mathrm{cm}^{-3}$，依据实际辐照环境中 γ 射线剂量率等效峰值和波形有效宽度，可以得到所限定的时间范围内不同时刻的过剩载流子产生率，如下所示：

$$G_{\mathrm{r}} = g_0 \dot{D} Y(E) \tag{5.1}$$

式中，$g_0 = 4.2 \times 10^{13} \mathrm{rad}^{-1} \cdot \mathrm{cm}^{-3}$，为电子空穴对产生率；$\dot{D}$ 为辐射剂量率；$Y(E)$ 为空穴产额(逃脱复合的空穴数)。

5.2.2　瞬时剂量率效应加固方法有效性验证

增加阱接触密度已经被认为是一种合理有效的单粒子效应加固方法，该方法对于瞬时剂量率效应加固是否有效尚需要验证。

构建 0.18μm CMOS 双阱体硅工艺下单个反相器的器件模型，图 5.4 给出了不同 N 型阱接触示意图，其中 N 型阱接触面积采取了三种不同的设置，分别称为单个N型阱接触、两个N型阱接触和三个N型阱接触,每个阱接触的面积为 $0.15\mu m^2$,每个阱接触之间的间距为 $0.02\mu m$。计算反相器输入为高电平,pMOS 管处于截止情况下瞬时高强度 γ 射线入射时的电学特性变化情况。

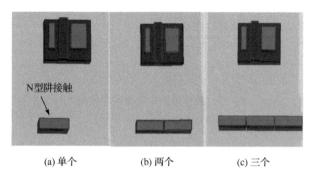

(a) 单个　　　　　　　(b) 两个　　　　　　(c) 三个

图 5.4　不同 N 型阱接触示意图[5]

图 5.5 给出了不同阱接触设置对应的源极光电流,瞬时 γ 射线剂量率等于 $9×10^{10}\,rad(Si)/s$、$1×10^{11}\,rad(Si)/s$、$2×10^{11}\,rad(Si)/s$ 三种情况下,均能看到增加 N 型阱接触面积对源极光电流的抑制作用。当瞬时剂量率较低时,抑制作用非常明显,不同阱接触面积情况下源极光电流的差异超过 3 个量级。随着瞬时剂量率的增加,阱接触面积增加引入的光电流抑制作用明显减弱。

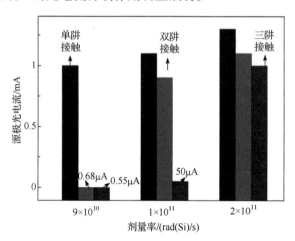

图 5.5　不同阱接触设置对应的源极光电流[5]

图 5.6 给出了不同阱接触设置对应的电源电压扰动情况,瞬时 γ 射线剂量率等于 $9×10^{10}rad(Si)/s$ 时,增加 N 型阱接触面积对于电源电压抖动也表现出了非常明显的抑制作用,这也验证了器件有源端施加的实际电压值相对于电源电压已经被拉低,这是光电流值过高导致负载上出现了明显的电压降。瞬时剂量率效应作

用下，器件全局受到影响，所有 PN 结均参与电荷收集，N 阱端收集了非常多的电子导致电势崩塌，从而引发寄生双极放大效应。该结论与试验结果是相符的，国内对大规模集成电路的瞬时电离辐射效应实验结果分析认为[6-7]，MOS 管内部的寄生三极管开启是导致器件损伤阈值降低的主要因素。

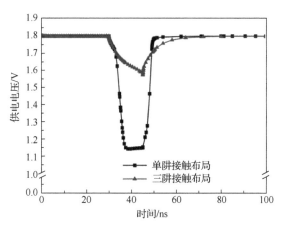

图 5.6　不同阱接触设置对应的电源电压扰动情况[5]

图 5.7 给出了两种阱接触设置对应的电势分布，此时瞬时 γ 射线剂量率等于 $9 \times 10^{10} rad(Si)/s$。可以看出，阱接触面积增加有利于稳定包含 pMOS 管源极、N 阱、衬底的截面区域内的电势，提高寄生双极放大效应的开启阈值。

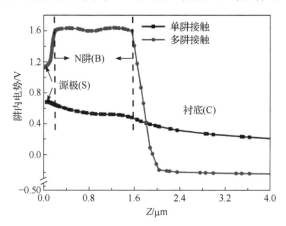

图 5.7　两种阱接触设置对应的电势分布[5]

5.2.3　累积剂量影响瞬时剂量率效应的物理机制研究

累积剂量效应引发双极晶体管中氧化物正电荷累积以及 Si/SiO₂ 界面处陷阱生成，导致电流增益产生退化。辐照实验表明，累积剂量对双极晶体管瞬时电离辐射响应存在一定的抑制作用，累积剂量越高，脉冲 γ 射线作用后微秒量级内双极晶体管集电极收集到的二次光电流衰减越明显[8]。

为研究累积剂量影响瞬时剂量率效应的物理机制，构建了 NPN 双极晶体管器件模型，如图 5.8 所示。累积剂量对于双极晶体管的影响体现为产生氧化物陷阱电荷和界面态陷阱，其中陷阱电荷可以采用在 Si/SiO₂ 界面区域添加正电荷的方式加以描述，界面陷阱导致表面复合加剧，产生较大的表面复合速率，可以通过调整硅表面复合速率 S 进行模拟[9]。

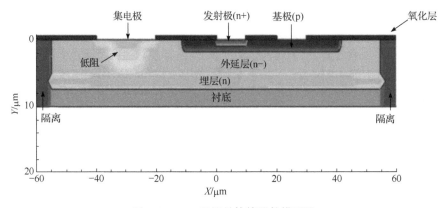

图 5.8　NPN 双极晶体管器件模型[9]

用于仿真的瞬时 γ 射线波形如图 5.9 所示，试验中瞬时 γ 射线脉宽约为 20ns，仿真中设定注入时间为[0, 20ns]范围，等效剂量率为 $1.0×10^{10}$ rad(Si)/s。

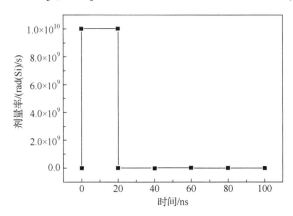

图 5.9　用于仿真的瞬时 γ 射线波形[9]

图 5.10 给出了氧化物陷阱电荷浓度不同时对应的二次光电流波形。可以看出，改变氧化物陷阱电荷浓度对二次光电流影响很小，无论在幅度还是衰减时间上只有微小的变化，基本可以忽略。

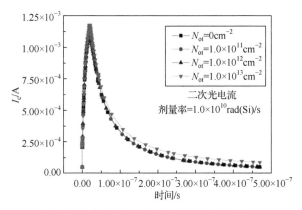

图 5.10　氧化物陷阱电荷浓度不同时对应的二次光电流波形[9]

图 5.11 给出了表面复合速率不同时对应的二次光电流波形。增加表面复合速率将导致二次光电流幅度明显降低，光电流持续时间明显缩短。综合来看，累积剂量影响脉冲辐射响应的主要原因是界面态累积。

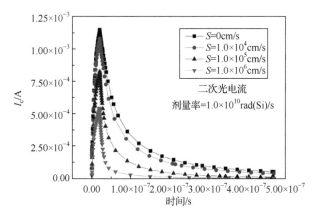

图 5.11　表面复合速率不同时对应的二次光电流波形[9]

仿真得到剂量率为 $1.0 \times 10^{10} \text{rad(Si)/s}$ 瞬时辐照下，NPN 晶体管二次光电流达到峰值时的电流密度分布，图 5.12 给出了 NPN 晶体管二次光电流达到峰值时的电流密度分布。箭头标示了电子流动的路径，从发射极流向集电极，电子分布于跨越发射极和集电极的整个空间区域。

图 5.13 展示了发射极附近的电子密度分布，此时作用时刻为 10ns，二次光电流处于上升段。可以看出，在氧化层下方的发射极附近(椭圆标示区域)，表面复合速率等于 0 时，电子密度明显高于表面复合速率等于 10^5cm/s 时的数值，说明界面态陷阱引发的表面复合速率增加导致光电流主要路径中电子密度降低，从而降低了二次光电流的幅值和持续时间。

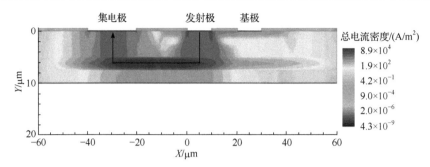

图 5.12　NPN 晶体管二次光电流达到峰值时的电流密度分布[9]

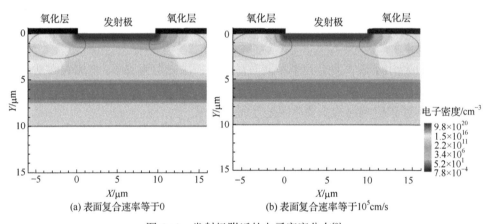

(a) 表面复合速率等于0　　　　　　　　(b) 表面复合速率等于10⁵cm/s

图 5.13　发射极附近的电子密度分布[9]

　　仿真结果还能给出少数载流子复合率的分布,在靠近集电极区域,表面复合速度等于 10^5cm/s 时的少数载流子复合率在任意时刻均大于表面复合速率等于 0 时的数值,说明界面态陷阱引发的表面复合速率增加导致集电极附近复合增强,这也一定程度上影响了二次光电流的幅值和持续时间。

5.3　瞬时剂量率效应电路级仿真

　　利用电路级仿真手段可以在设计阶段预测集成电路瞬时剂量率效应敏感性,甄别其中的敏感模块。

5.3.1　瞬时剂量率效应电路级仿真基本流程

　　相比于稳态辐射效应,瞬时剂量率效应和单粒子效应均会在芯片内部节点引入强扰动,导致底层器件之间的电学特性发生瞬时强耦合,仅仅修改集约模型中敏感参数取值的仿真思路不再适用,需要从底层对瞬时剂量率效应进行建模。

与单粒子效应电路级仿真流程相类似，瞬时剂量率效应电路级仿真首先需要提出合理的光电流模型，针对数字电路一般是针对单个反偏 PN 结构建光电流模型，针对模拟电路则需要针对单个双极晶体管构建模型，将光电流模型注入电路网表中，开展电路级仿真即可分别评价数字电路、模拟电路的瞬时剂量率效应。

5.3.2　典型数字电路瞬时剂量率效应敏感性计算

1964 年，美国圣地亚国家实验室的 Wirth 和 Rogers 合作发表了瞬时剂量率效应研究的里程碑文章[10]，基于一系列的假设条件，包括：①PN 结的 P 区和 N 区无限长；②辐射引起的电离不会显著改变少数载流子浓度；③材料均匀掺杂，除了结区，二极管的电场可以忽略；④结电压为常数。推导得出瞬时光电流的解析表达式如下所示：

$$I(t) = \begin{cases} qg\gamma A\left[w + L_{\mathrm{p}}\mathrm{erf}\left(\dfrac{t}{\tau_{\mathrm{p}}}\right)^{\frac{1}{2}} + L_{\mathrm{n}}\mathrm{erf}\left(\dfrac{t}{\tau_{\mathrm{n}}}\right)^{\frac{1}{2}} \right], & 0 < t \leqslant T \\[3mm] qg\gamma A\left[w + L_{\mathrm{p}}\mathrm{erf}\left(\dfrac{t}{\tau_{\mathrm{p}}}\right)^{\frac{1}{2}} - L_{\mathrm{p}}\mathrm{erf}\left(\dfrac{t-T}{\tau_{\mathrm{p}}}\right)^{\frac{1}{2}} + L_{\mathrm{n}}\mathrm{erf}\left(\dfrac{t}{\tau_{\mathrm{n}}}\right)^{\frac{1}{2}} - L_{\mathrm{n}}\mathrm{erf}\left(\dfrac{t-T}{\tau_{\mathrm{n}}}\right)^{\frac{1}{2}} \right], & t > T \end{cases}$$

$$(5.2)$$

式中，q 为电子电量；g 为载流子产生率；A 为 PN 结面积；w 为耗尽层宽度；T 为辐射脉冲宽度；$\mathrm{erf}(\cdot)$ 为余误差函数；τ_{n} 为少数载流子电子的寿命；τ_{p} 为少数载流子空穴的寿命；L_{n} 为电子扩散长度，$L_{\mathrm{n}} = \sqrt{D_{\mathrm{n}} \times \tau_{\mathrm{n}}}$；$L_{\mathrm{p}}$ 为空穴扩散长度。

Wirth 和 Rogers 构建的瞬时光电流模型适用于瞬时剂量率较低的情况，此时扩散系数 $D_{\mathrm{n}}(D_{\mathrm{p}})$ 和少数载流子寿命 τ_{n} (τ_{p})可以近似看作常数。随着瞬时剂量率逐渐增大，硅材料禁带中的陷阱趋于饱和，复合机制将从 SRH 复合改变为俄歇(Auger)复合，此时少数载流子的扩散系数 $D_{\mathrm{n}}(D_{\mathrm{p}})$ 和少数载流子寿命 τ_{n} (τ_{p})都会发生变化，影响瞬时光电流的峰值大小与形状。为构建更加准确的瞬时光电流模型，需要考虑扩散系数和少数载流子寿命在不同瞬时剂量率条件下的修正调制。

在较高的瞬时剂量率条件下，利用如下公式组对少数载流子双极扩散系数和少数载流子寿命进行修正[11]，以满足在不同瞬时剂量率条件下瞬时光电流的准确计算：

$$D_{\mathrm{ap}} \approx \frac{(n_0 + 2G\tau_{\mathrm{p1}})D_{\mathrm{n}}D_{\mathrm{p}}}{n_0 D_{\mathrm{n}} + (D_{\mathrm{n}} + D_{\mathrm{p}})G\tau_{\mathrm{p1}}}$$

$$(5.3)$$

$$\tau_{\mathrm{p\_SRH}} = \frac{1}{2}\left(\tau_{\mathrm{p}\infty} - \frac{n_0}{G}\right) + \sqrt{\frac{n_0\tau_{\mathrm{p0}}}{G} + \frac{1}{4}\left(\tau_{\mathrm{p}\infty} - \frac{n_0}{G}\right)^2} \tag{5.4}$$

$$\tau_{\mathrm{p\_Auger}} = \frac{1}{\sqrt[3]{G^2 r_{\mathrm{p\_Auger}}}} \tag{5.5}$$

$$\tau_{\mathrm{p}} = \left(\frac{1}{\tau_{\mathrm{p\_SRH}}} + \frac{1}{\tau_{\mathrm{p\_Auger}}}\right)^{-1} \tag{5.6}$$

双极扩散系数和少数载流子寿命随瞬时剂量率的变化关系如图 5.14 所示。双极扩散系数在较低瞬时剂量率条件下近似为常数，随着瞬时剂量率的增大，双极

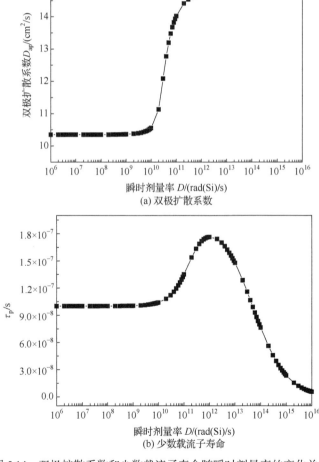

(a) 双极扩散系数

(b) 少数载流子寿命

图 5.14　双极扩散系数和少数载流子寿命随瞬时剂量率的变化关系

扩散系数也不断增大，在较高瞬时剂量率条件下再次近似为常数。少数载流子寿命在较低瞬时剂量率的条件下近似为一常数，随着瞬时剂量率的增大而不断增大，当 SRH 复合趋于饱和时，少数载流子寿命开始降低，此时 Auger 复合逐渐占据主导地位。

通过对双极扩散系数和少数载流子寿命在不同瞬时剂量率条件下的修正，实现了一种适用于较宽瞬时剂量率范围的瞬时光电流自动计算算法，其中输入参数包括：瞬时剂量率、瞬时剂量率脉冲宽度、PN 结偏置电压、PN 结面积、P 区掺杂浓度、P 区长度、N 区掺杂浓度、N 区长度、少数载流子(电子、空穴)初始寿命、少数载流子(电子、空穴)初始扩散系数。

利用该自动计算算法，可以计算不同瞬时剂量率条件下 PN 结的瞬时光电流。通过在器件级仿真工具中构建 PN 结器件模型，对解析公式计算得到的瞬时光电流模型进行了对比验证。其中器件级仿真工具中构建 PN 结所对应的参数如图 5.15 所示。分别在瞬时剂量率为 1×10^{10} rad(Si)/s、1×10^{12} rad(Si)/s 的条件下利用解析公式计算得到瞬时光电流模型，图 5.16 给出了解析公式与器件级仿真计算得到的瞬时光电流对比，二者基本一致，说明所构建的瞬时光电流可以初步用于后续的瞬时剂量率效应电路级仿真。

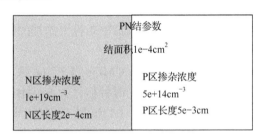

图 5.15　器件级仿真工具中构建 PN 结所对应的参数

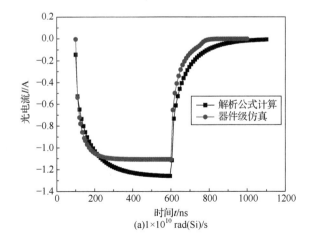

(a)1×10^{10} rad(Si)/s

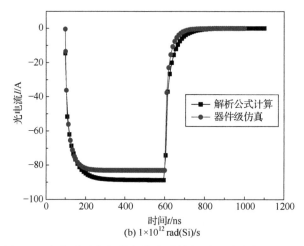

(b) 1×10^{12} rad(Si)/s

图 5.16　解析公式与器件级仿真计算得到的瞬时光电流对比

基于 40nm 与 180nm CMOS 工艺 D 触发器,计算在不同瞬时剂量率条件下 1 级 D 触发器的输出波形。仿真过程中首先基于 40nm 与 180nm D 触发器版图提取常态电路网表。其次根据 40nm 与 180nm 的工艺信息进行瞬时光电流激励的计算,并将其添加至常态电路网表,生成添加了激励后的电路网表。最后利用电路级仿真工具进行仿真,得到在不同瞬时剂量率条件下添加的瞬时光电流激励对 D 触发器输出波形的影响。

在不同的瞬时剂量率条件下对 40nm CMOS 工艺 D 触发器进行了电路级仿真。在仿真过程中设定 40nm D 触发器的时钟信号为 500MHz 方波,幅度为 0～1.1V;信号输入 50MHz 方波,幅度为 0～1.1V。瞬态仿真中设定仿真步长为 1ns,仿真总时间长度为 200ns。在瞬时光电流激励添加步骤中定义瞬时剂量率脉宽为 50ns,其中瞬时剂量率开始添加的时刻为 50ns。

图 5.17 给出了仿真得到 40nm D 触发器的输出波形。在瞬时剂量率达到 1×10^{14}rad(Si)/s 的条件下,D 触发器输出正常,瞬时剂量率产生的瞬时光电流没有使 D 触发器的输出波形发生翻转。当瞬时剂量率达到 1×10^{15}rad(Si)/s 时,40nm D 触发器的输出波形翻转,在瞬时剂量率添加的时间范围内(50～100ns),D 触发器的输出信号被拉至低电平。瞬时剂量率脉冲过后,D 触发器的输出恢复正常。

与 40nm CMOS 工艺 D 触发器的仿真流程相似,在不同的瞬时剂量率条件下对 180nm CMOS 工艺 D 触发器进行了电路级仿真,图 5.18 给出了仿真得到 180nm D 触发器的输出波形。在瞬时剂量率为 1×10^{12}rad(Si)/s 的条件下,D 触发器正常输出方波,瞬时剂量率在其内部产生的瞬时光电流没有影响其输出信号。当瞬时剂量率达到 1×10^{13}rad(Si)/s 时,在瞬时剂量率添加的时间范围内(0～50ns),D 触发器的输出信号被拉至低电平。在瞬时剂量率脉冲过后,D 触发器的输出恢复正常。

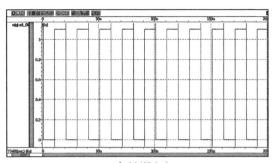

(a) 瞬时剂量率为0

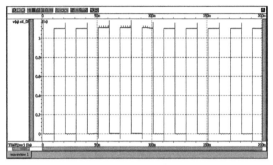

(b) 瞬时剂量率为$1×10^{14}$rad(Si)/s

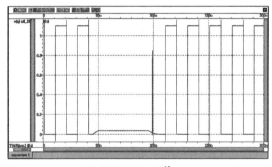

(c) 瞬时剂量率为$1×10^{15}$rad(Si)/s

图 5.17　仿真得到 40nm D 触发器的输出波形

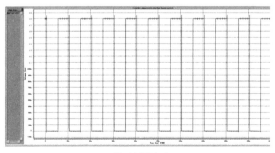

(a) 瞬时剂量率为0

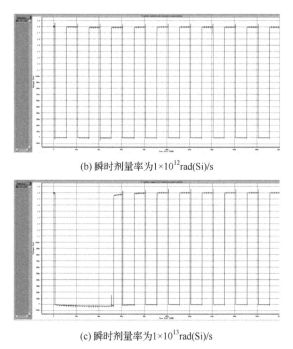

(b) 瞬时剂量率为1×10^{12}rad(Si)/s

(c) 瞬时剂量率为1×10^{13}rad(Si)/s

图 5.18　仿真得到 180nm D 触发器的输出波形

5.3.3　典型模拟电路瞬时剂量率效应敏感性计算

以双极运算放大器 μA741 为例，如图 5.19 所示，其组成部分包括偏置电路、输入级、第二级、输出级和短路保护电路。

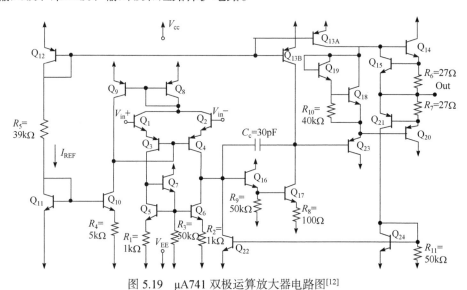

图 5.19　μA741 双极运算放大器电路图[12]

图 5.20 给出了光电流峰值与不同因素间的依赖关系，包含瞬时剂量率和衬底面积，按照双指数电流源近似推导得出扰动电流源随时间变化的表达式。

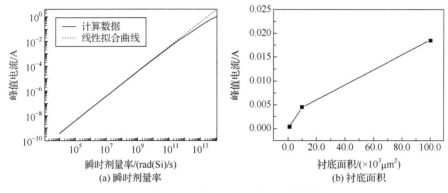

(a) 瞬时剂量率　　　　　　　　(b) 衬底面积

图 5.20　光电流峰值与不同因素间的依赖关系[12]

以此为基础，得到所有双极晶体管不同结之间添加的扰动电流源，包括基极–集电极结、集电极–衬底结。在所有反偏 PN 结加入光电流，执行电路仿真后获得瞬时剂量率为 $1×10^9 \text{rad(Si)/s}$、$1×10^{11}\text{rad(Si)/s}$ 两种情况下计算得到的瞬时输出响应，图 5.21 给出了 μA741 双极运算放大器不同瞬时剂量率情况下的辐照响应，和实验结果一致性较好。

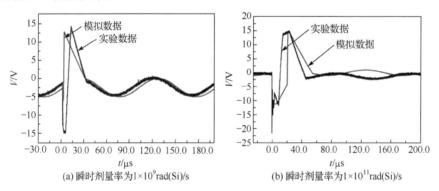

(a) 瞬时剂量率为$1×10^9\text{rad(Si)/s}$　　　　(b) 瞬时剂量率为$1×10^{11}\text{rad(Si)/s}$

图 5.21　μA741 双极运算放大器不同瞬时剂量率情况下的辐照响应[12]

5.4　瞬时剂量率效应路轨塌陷现象仿真

对于瞬时剂量率效应，早期针对特征尺寸为 3μm 和 2μm SRAM 存储器件开展的研究表明，引发状态翻转的机制是脉冲 γ 射线在芯片内部产生的全局光电流流入金属布线引起不同物理位置 SRAM 存储单元噪声容限下降，也称为"路轨塌陷"[13]。后续研究均表明，对于微米级大尺寸存储器件，脉冲 γ 射线导致其发生翻转的主要机制为"路轨塌陷"，而对于纳米级存储器件的有限报道表明，全局光电流造成不同物理位置存储单元核心工作电压下降的幅度区别变得不明显，翻转位图变得更加均匀[14]。

　　开展路轨塌陷现象的仿真需要针对器件的供电网络进行全局建模，文献中有过类似的探索。图 5.22 给出了 SA3001 型存储器等效电阻网络示意图，其中的方块指代了虚拟化的存储单元。

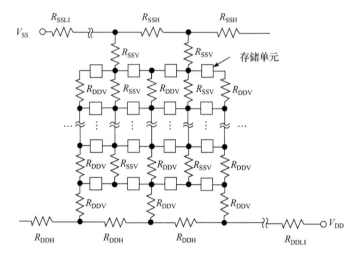

图 5.22　SA3001 型存储器等效电阻网络示意图[14]

　　在器件级仿真工具中针对存储单元进行建模，计算得到不同瞬时剂量率情况下电流峰值随路轨间距(供电电压与地电位之间的电压差)的变化情况，图 5.23 给

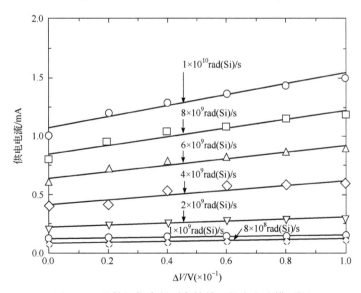

图 5.23　器件级仿真得到存储单元的光电流模型[14]

出了器件级仿真得到存储单元的光电流模型，近似服从线性依赖关系。

将存储单元的光电流模型代入图 5.22 所示的等效电阻网络，得到嵌入光电流模型的等效电阻网络，执行电路级仿真，可以获取存储器阵列所有节点的电压值，进而求取不同瞬时剂量率水平辐照下对应的路轨塌陷情况。

图 5.24 给出了存储器阵列路轨塌陷分布计算结果，可以看出，此时绝大多数存储单元的电源电压明显降低，最低值甚至降到了供电电压的一半以下，存储单元显然无法正常存储数据，会表征出数据翻转。

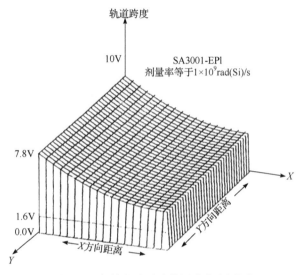

图 5.24　存储器阵列路轨塌陷分布图[14]

5.5　小　　结

本章主要介绍了瞬时剂量率效应仿真技术。首先介绍了瞬时剂量率效应的物理过程；其次介绍了瞬时剂量率效应器件级仿真方法，利用器件级仿真方法验证瞬时剂量率效应加固方法的有效性，利用器件级仿真研究累积剂量影响瞬时剂量率效应的物理机制；再次介绍了瞬时剂量率效应电路级仿真方法，利用电路级仿真计算典型数字电路瞬时剂量率效应敏感性、利用电路级仿真计算典型模拟电路瞬时剂量率效应敏感性；最后介绍了瞬时剂量率效应路轨塌陷现象仿真。

参 考 文 献

[1] 陈伟, 王桂珍, 李瑞宾, 等. 瞬时电离辐射效应[M]. 北京: 科学出版社, 2022.

[2] ALEXANDER D R. Transient ionizing radiation effects in devices and circuits[J]. IEEE Transactions on Nuclear

Science, 2003, 50(3): 565-582.

[3] 齐超. SRAM 型 FPGA 瞬时电离辐射效应测试技术研究[D]. 西安: 西北核技术研究所, 2011.

[4] MASSENGILL L W, DIEHL-NAGLE S E. Transient radiation upset simulations of CMOS memory circuits[J]. IEEE Transactions on Nuclear Science, 1984, 31(6): 1337-1343.

[5] LI T, ZHAO Y, WANG L, et al. Investigation on transient ionizing radiation effects in a 4-Mb SRAM with dual supply voltages[J]. IEEE Transactions on Nuclear Science, 2022, 69(3): 340-348.

[6] 王桂珍, 林东生, 齐超, 等. EEPROM 和 SRAM 瞬时剂量率效应比较[J]. 微电子学, 2014, 44(4): 510-514.

[7] 王桂珍, 齐超, 林东生, 等. EEPROM 瞬时剂量率效应实验研究[J]. 原子能科学技术, 2014, 48(增刊): 727-731.

[8] 李瑞宾. 累积剂量对器件瞬时电离辐射响应影响研究[D]. 西安: 西安交通大学, 2020.

[9] LI R, WANG C, CHEN W, et al. Synergistic effects of TID and ATREE in vertical NPN bipolar transistor[J]. IEEE Transactions on Nuclear Science, 2019, 66(7):1566-1573.

[10] WIRTH J L, ROGERS S C. The transient response of transistors and diodes to ionizing radiation[J]. IEEE Transactions on Nuclear Science, 1964, 11(6): 24-38.

[11] FJELDLY T A, DENG Y Q, MICHAEL S S, et al. Modeling of high-dose-rate transient ionizing radiation effects in bipolar devices [J]. IEEE Transactions on Nuclear Science, 2001, 48(5): 1721-1730.

[12] 马强. 双极集成运算放大器瞬时电离辐射效应模拟实验及理论研究[D]. 西安: 西北核技术研究所, 2011.

[13] 王桂珍. CMOS 电路 γ 剂量率脉冲宽度效应研究[D]. 西安：西北核技术研究所，2001.

[14] 李俊霖. 纳米体硅 CMOS SRAM 瞬时剂量率翻转效应研究[D]. 西安: 西北核技术研究所, 2011.

第6章　辐射效应仿真软件

随着器件结构、尺寸、材料和工作电压等方面的不断变化，电子器件辐射效应机理变得越来越复杂，各种影响因素间的相互耦合使辐射效应响应变得难以估算，必须借助于辐射效应仿真和分析工具。

本章主要介绍国内外现有的辐射效应仿真软件，包括商用及部分自研应用软件。

6.1　辐射效应仿真相关的商用软件

6.1.1　Space Radiation 软件

Space Radiation 空间辐射环境及效应分析软件是由美国开发的可用于空间、大气环境建模及航天器、航空器辐射效应建模的工具软件，可结合典型卫星轨道辐射环境开展电子器件在轨软错误率预估，给出包含总剂量、单粒子翻转、位移损伤等辐射效应的计算结果。该软件拥有大量的空间辐射环境模型，包括 AP-8 捕获质子模型、AE-8 捕获电子模型、宇宙射线辐射模型、JPL1991 太阳质子模型和各类辐射粒子的总剂量模型等。上述模型的计算参数已存入软件内部的数据库，对星载电子设备在空间辐射环境中所遭受的粒子类型、粒子能量和粒子通量做出了量化预测。

在建立空间辐射环境模型数据库的基础上，该软件还集成了针对不同辐射效应的物理仿真模型，如①重离子翻转模型：输入威布尔(Weibull)拟合参数(LET 阈值和饱和截面等)，或直接输入电子器件重离子翻转试验值(重离子 LET 阈值及相应的测量翻转截面)，结合轨道环境输出器件在轨翻转率；②质子单粒子翻转模型：可选择 Weibull 模型或者 Bendel 模型；③中子单粒子翻转模型：中子引起单粒子翻转的标准模型，输入选项包括等效中子注量、LET 阈值和饱和截面等 Weibull 模型参数。

6.1.2　Geant4 软件

Geant4 是由欧洲核子研究组织(CERN)基于 C++面向对象技术开发的蒙特卡洛应用软件包[1]，用于模拟粒子在物质中输运的过程，具有粒子种类齐全、能量范围广、物理过程模型众多且选择灵活、粒子径迹可观察等特点。该软件源代码完全开放,用户可根据实际需要进行修改、扩充。

Geant4 软件分为许多模块,分别负责处理几何跟踪、探测器响应、运行管理和可视化等。由于该软件采用蒙特卡洛方法,因此可以追踪粒子穿过介质时发生的物理过程(碰撞、反应、吸收等),生成粒子的径迹和相应物理参量的变化。

Geant4 软件可用于空间辐射环境与核辐射环境下的辐射效应模拟[2]。软件内置的基本粒子碰撞、散射和核反应模型,使得其能够完整地描述辐射在器件材料内的电离和非电离能量沉积。通过构建平行六面体(RPP)模型和积分平行六面体(IRPP)模型,采用几何定义器件内部电荷收集效率高的灵敏体,通过仿真或试验方式确定翻转的临界电荷,即可采用 Geant4 软件模拟辐射效应对电子器件的影响。

6.1.3　TCAD 软件

TCAD 软件是一种半导体工艺流程和器件方面的计算机辅助设计与仿真软件,它与人们熟知的电子设计工具 Electronic Design Automation(电子设计自动化,EDA)一样,是现代集成电路设计和制备不可或缺的工具。目前的 TCAD 商业软件有 Sentaurus TCAD、Genius 等。TCAD 的应用领域包括半导体工艺流程模拟、器件物理分析、电学行为分析和电路缺陷甄别等。TCAD 使用有限元法模拟二维或者三维的器件,其中每个有限元元素都代表了具有特定性质的某一小块物质。在工艺模拟过程中,基于已有的物理模型,从空白硅片开始到器件生成结束,模拟离子注入、扩散、刻蚀、生长和沉积的过程。器件仿真部分,以微分的形式根据电学方程进行运算,得到的微分电流经过积分后,可以精确地表述半导体器件的电学特性。在器件仿真方面,传统的漂移扩散(drift-diffusion)模型已经不再完全适用于新型的纳米器件。经研究发现,纳米器件中存在各种小尺寸效应,如热电子传输、量子隧穿效应、氧化层击穿和漏电流等。然而在高频器件领域,出现了外界源所导致的微波干涉现象。随着半导体器件尺寸日益缩小,在数值模拟中不能再假定器件内部性能是缓慢变化的,必须以原子为单位考虑。以栅极氧化层为例,其厚度已经接近几个原子层大小,需要考虑原子与原子间的相互作用;又如MOSFET 中日益缩短的导电沟道,使得沟道掺杂的模拟越来越复杂。这些都增加了模拟数值运算的负担。如何建立最佳的物理模型和数值分析方法,是 TCAD 软件仿真考虑的方向。由苏州珂晶达电子有限公司开发的 Genius TCAD 软件,综合了 Geant4 程序包和 TCAD 软件的优势,可以仿真包含几十个晶体管,超过百万网格点的大规模问题。

TCAD 软件在建立器件常规电学模型的同时,也可以通过内置或外置接口添加与辐射相关的扰动项。例如,本书表 1.1 所示,在仿真重离子单粒子效应时,可以添加随时间、空间变化的过剩载流子产生项;在仿真总剂量效应时,能够设定陷阱浓度与俘获截面，模拟界面态和陷阱电荷的产生过程；在仿真位移损伤效应时，可以修改少数载流子寿命，模拟位移损伤带来的少数载流子输运被晶格缺陷散射的过程。

6.1.4　LAMMPS 软件

LAMMPS 软件即大规模原子分子并行模拟器，是分子动力学模拟的主流软件。LAMMPS 软件主要用于模拟微观结构的演化，通过设置各种原子间势(力场)和边界条件等，对体系内粒子间相互作用进行牛顿运动方程的积分求解，得到粒子的运动状态并对相关特性进行分析。例如，本书 4.2.1 小节中的实例分析，LAMMPS 软件可用于利用分子动力学方法计算辐照诱发缺陷。在计算能力和效率方面，LAMMPS 软件可支持十亿级原子模拟，同时调用上万个核和数百万个图形处理器(GPU)进行计算。

6.2　国外自研辐射效应仿真软件

在电子器件辐射效应易损性分析软件方面，美国的研究成果具有代表性，所研制的 SEMM、MRED、Xyce 等，代表着不同的核心技术突破。

Soft Error Monte Carlo Model (软错误蒙特卡洛模型，SEMM)由 IBM 公司于 1986 年开发[3]，其第一代产品 SEMM-1 主要用于计算双极工艺电路的单粒子翻转敏感性。该软件利用简化的结构体模型描述器件特征，只针对 PN 结电场区进行建模。假设辐射产生的过剩载流子基本不会改变器件中电场分布，且直接入射或质子/中子核反应产生的重离子仅在径迹范围内沉积能量产生过剩载流子，记录每条穿越 PN 结电场区的径迹在对应节点沉积的电荷量，与预先设定的临界电荷数值进行对比，判定是否发生单粒子翻转。为适应对单粒子效应更加敏感的 CMOS 工艺电路，IBM 于 1996 年报道了第二代产品 SEMM-2，拓展了粒子输运模型的适用范围，可以针对 CMOS 工艺电路中多层金属与钝化层组成的一维复合结构开展输运计算，SEMM-2 中典型晶体管的结构体模型示意图如图 6.1 所示[4]。

Monte Carlo Radiative Energy Deposition (蒙特卡洛辐射能量沉积，MRED)软件由范德堡大学团队于 2010 年首次报道[5]，MRED 中入射质子在灵敏体积内沉积能量示意图如图 6.2 所示，MRED 利用非常简化的平行六面体模型代表每个单元的灵敏体积，默认只有在灵敏体积内沉积的能量才可能引发单粒子效应。其优势在于能够借助内嵌的粒子输运软件 Geant4 计算各种粒子在各种材料中的输运过程。

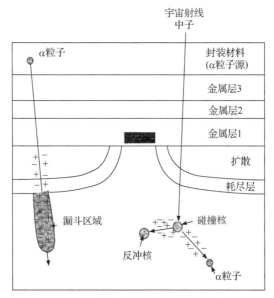

图 6.1　SEMM-2 中典型晶体管的结构体模型示意图[4]

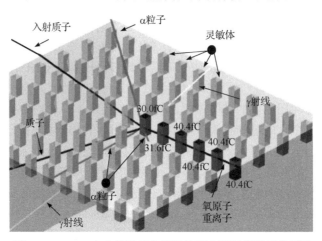

图 6.2　MRED 中入射质子在灵敏体积内沉积能量示意图[5]

　　范德堡大学在 2010～2020 年发表的大量文章中给出了 MRED 的应用实例以及模型更新，如图 6.3 所示，提出了依据单粒子效应截面实测结果构建复合灵敏体积的概念，用于更加准确地构建结构体模型[6]。

　　由美国圣地亚国家实验室开发的 Charon TCAD，是 Hennigan 等在 QASPR 计划驱动下开发的用于模拟短时间尺度和高通量水平下中子损伤对半导体器件影响的代码，在连续性方程基础上耦合了一系列缺陷反应方程，通过有限元求解获取得到中子辐照后半导体器件电学特性。

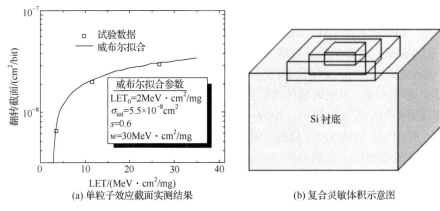

(a) 单粒子效应截面实测结果　　　　(b) 复合灵敏体积示意图

图 6.3　MRED 软件中建模示意图[6]

Xyce 软件由美国圣地亚国家实验室于 1999 年开始研发，主要目的是打造高速并行化电路仿真器。Xyce 软件能够兼容行业内标准的 SPICE 模型，前端通过读取文本格式的电路网表和器件模型，构建电路分析矩阵，实例化模型，后端建立电路分析矩阵与电路状态向量，通过求解线性和非线性方程的形式，计算电路节点电学参量的变化过程。内置的算法包括时间积分求解器，线性与非线性偏微分方程求解器，支持百万门以上规模器件的模拟求解。Xyce 软件在大规模电路求解时的收敛性和并行化计算方面做了优化，使得其能够快速求解大规模电路。同时其内置的光电流模型，适合针对剂量率效应开展仿真研究，支持万门级晶体管同时添加光电流模型。Xyce 软件计算结果如图 6.4 所示，给出了差分放大器中考虑瞬时剂量率效应和位移损伤前后的电路输出信号[7]。

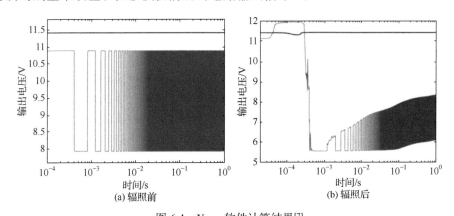

(a) 辐照前　　　　(b) 辐照后

图 6.4　Xyce 软件计算结果[7]

法国、日本项目组开发的相关软件也已经多次见诸报道，在辐射效应易损性分析中发挥了重要的作用。

Multi-Scales Single Event Phenomena Predictive Platform (多层级单粒子效应预测平台，MUSCA SEP3)由法国航空航天实验室于 2009 年首次报道[8]，图 6.5 为 MUSCA SEP3 计算单粒子效应敏感性的建模思路与计算流程，相对于 MRED，MUSCA SEP3 将处于反偏状态的漏区作为灵敏区域进行建模，每个单元中可能包含多个灵敏区域，灵敏区域的表面积等于漏区面积，深度代表耗尽区厚度，其结构体模型更加贴近实际版图。2009~2023 年，多个科研机构联合法国航空航天实验室，利用 MUSCA SEP3 软件计算了不同工艺节点存储器、SRAM 型 FPGA 的单粒子效应敏感性，预测单粒子翻转与多位翻转的位图和敏感截面[9]。

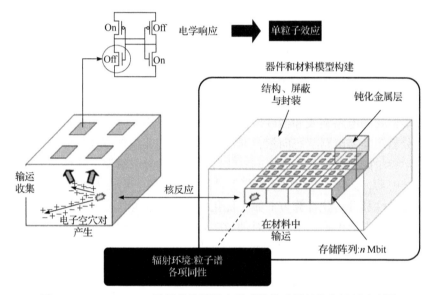

图 6.5　MUSCA SEP3 计算单粒子效应敏感性的建模思路与计算流程[8]

Particle and Heavy Ion Transport Code System (粒子与重离子输运代码系统，PHITS)-Hyper Environment for Exploration of Semiconductor Simulation (辐射环境半导体特性模拟，HyENEXSS)软件由日本九州大学于 2012 年在论文中公布[10]，其主要思路是粒子输运与器件级仿真联合计算。PHITS-HyENEXSS 软件的计算流程如图 6.6 所示，首先借助 PHITS 代码计算不同类型粒子入射产生的次级重离子，其次将重离子 LET 分布转换为过剩载流子，最后将过剩载流子分布导入三维数值仿真模型，计算过剩载流子在电场作用下发生的漂移、扩散等电荷收集过程，获取最底层晶体管内部载流子浓度、电势、电场强度等物理量分布。PHITS-HyENEXSS 软件的物理思路清晰，由于假设较少，计算结果更加准确，其劣势在于数值仿真能够计算的器件规模非常有限，很难针对电路开展单粒子效应敏感性评价。

TFIT 软件是法国 IROC 公司于 2014 年推出的单粒子效应敏感性评测软件，

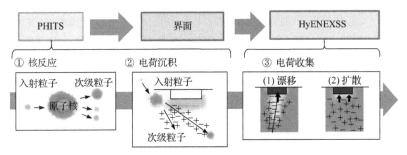

图 6.6　PHITS-HyENEXSS 软件的计算流程[10]

其思路与 Xyce 软件类似，差异体现为主要针对单粒子效应而不是核辐射效应。TFIT 软件通过在电路的敏感节点添加表征单粒子扰动项的瞬态电流源，执行电路级仿真记录扰动项添加后的电路响应，即可判断是否发生单粒子翻转。

6.3　国内自研辐射效应仿真软件

中国科学院国家空间科学中心开发的"空间环境效应分析软件包"集成了包括空间粒子辐射、等离子体、原子氧等环境模型和空间粒子辐射屏蔽、总剂量效应、位移损伤效应、单粒子效应、表面充电效应、深层充电效应、原子氧腐蚀效应等的分析模型，可用于支撑航天器空间环境效应防护分析设计。例如，其中包含的航天器内部辐射屏蔽计算模块，除了提供传统的基于一维实心铝球的剂量–深度曲线模型外，还可以利用三维结构分析的有限元方法，开展更加精细的航天器内部辐射屏蔽建模与累积剂量、累积非电离能损分布计算，从而得到准确可靠的剂量分布信息。该软件还能够直观显示屏蔽的薄弱环节，支撑通过优化结构、设备、仪器盒或仪器内部电路板布局等，在不显著增加质量成本的前提下达到最优的屏蔽设计效果[11-12]。

中国空间技术研究院组织开发的空间辐射效应分析软件 Forcast 主要用于预计在轨单粒子翻转率[13-14]，基于地面模拟装置试验得到器件的重离子或/和质子单粒子效应数据，计算器件在空间轨道中因重离子直接电离或/和高能质子核反应引起的单粒子错误率。

基于版图计算器件瞬时辐射效应易损性是近年来的研究热点，这种设计思路可以将辐射效应计算集成于标准集成电路设计流程，无需单独构建电子器件模型，便于被设计人员直接调用，可在电路设计阶段快速评价是否满足抗辐照指标。西北核技术研究所于 2019 年开发了集成于商用芯片设计与仿真平台的用户交互界面和并行化计算流程，成功研发瞬时辐射效应仿真软件 TREES 1.0，如图 6.7 所示，可实现快速计算并标注电路版图中的敏感区域[15-16]。依据 0.18μm、65nm 和 UMC40nm 等工艺平台流片生产集成电路，开展辐照试验获取单粒子效应敏感性，并与仿真评价结果进行逐一比对，验证了仿真软件的功能指标(功能完备性、准确性)和性能指标(计算精度、仿真速度)。TREES 1.0 成为国内唯一实现单元电路瞬时辐射效应实时分析功能的应用软件。

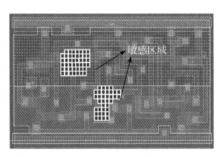

图 6.7　利用 TREES 1.0 软件甄别单粒子效应敏感区域[16]

　　软件研制过程中，针对瞬时单粒子效应，解决了底层器件瞬态强耦合与纳米尺度复杂机制影响的精确全面表述难题，提出并建立了逼真的辐射效应物理模型和高效实用的仿真方法[16]。针对纳米工艺电路由尺寸变小导致电荷共享加剧、次级效应增强、电荷收集作用半径严重时可能覆盖上千个有源结区等现状，重点解决纳米尺度电路单粒子临界电荷已低至 1fC 以下时扩散收集建模、电路反馈对单粒子瞬态脉冲的调制作用建模、寄生结构提取并对寄生结构外加的瞬时电压进行全时域描述等技术难题，开展了一系列的相关研究，创新性提出一种将实际有源区面积、形状与重离子入射位置合成，形成自定义无量纲漂移因子和扩散因子的方法，如图 6.8 所示，解决了采用有源区与重离子入射位置之间间距值作为自变

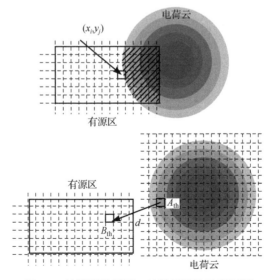

图 6.8　计算漂移因子、扩散因子的示意图[16]

量现有方法的不足，增强了对实际电路中复杂版图的适应性。

通过开发子电路模型、构建有源电阻网络，实现对电路响应反馈、阱电势调制及双极放大收集、工作电压调制等次级效应的建模表达[17]，如图 6.9 所示，实现了对于实际物理图像的无遗漏描述，有效提高了计算精度。

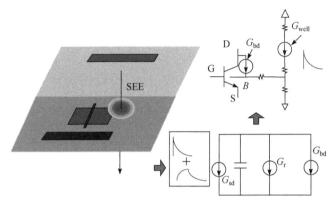

图 6.9 单粒子效应模拟流程的示意图[18]

通过设计具有加固结构的芯片，开展辐照试验测试和数值仿真，系统梳理结构变化、电路工作状态变化对辐射效应仿真的附加要求，大大提升对于集成电路实际结构及工作状态的覆盖度[18-19]。通过以上研究，实现了纳米尺度电路单粒子效应电荷收集机制解析建模，为辐射效应快速评价和加固单元库辅助设计奠定了仿真基础。

西北核技术研究所于 2021 年进一步研发了不依赖于国外软件的自主化版本 TREES 2.0[20]，如图 6.10 所示，实现独立用户界面、版图解析、激励项添加、国产电路仿真引擎集成等，在国产化麒麟操作系统上通过了适应性验证。

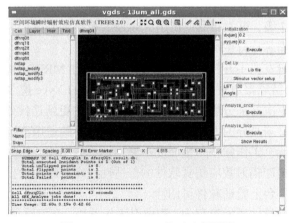

图 6.10 TREES 2.0 界面示意图[20]

　　TREES 2.0 已公开报道的典型应用包括：①针对国产 65nm 工艺 SRAM 阵列，准确评估单位和多位翻转的截面及敏感区域分布[21]，利用 TREES 2.0 软件计算 65nm 存储器单粒子效应热点图如图 6.11 所示，通过明确电路辐射损伤机理，便于建立针对性的抗辐射性能评估方法；②针对 0.18μm 和 40nm 标准单元库，研究给出单元电路单粒子效应敏感性与驱动能力、特征尺寸、版图结构、工作模式之间的依赖关系和相关规律[22]。

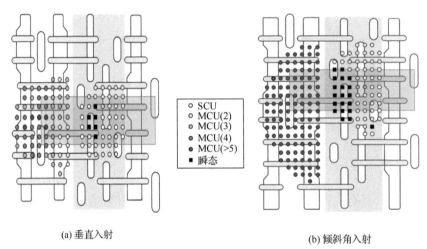

(a) 垂直入射　　　　　　　　　　　　　　　　　(b) 倾斜角入射

图 6.11　利用 TREES 2.0 软件计算 65nm 存储器单粒子效应热点图[21]

SCU 表示单个位翻转；MCU 表示多单元翻转

　　目前西北核技术研究所已研发升级版本 SREES 1.0，支持批处理与批存储，能够直接对单元库执行激励文件自动生成、批量计算、层次化存储计算结果、计算结果写入矩阵式文本文件等操作，批量化获取不同重离子 LET 值、不同激励、不同输出电容情况下单元库中所有单元电路的单粒子效应敏感性数据。三方测评认为成熟度达到 7 级，可发布商业试用。SREES 软件的开发，为从工程实用角度上实现抗辐射加固芯片自主可控奠定了基础。

　　成熟软件的研发离不开持续的更新换代，美国的 MRED 和法国的 MUSCA SEP3 在十余年内持续报道更新后的物理模型，美国的 Xyce 迄今已推出了六次整体更新和多达几十次的部分更新，Xyce 软件近年来的更新迭代如图 6.12 所示，以适应微电子领域日新月异的发展变化，扩大软件产品的适用范围。随着电子器件特征尺寸逐渐降低，工作频率与集成度不断增加，新结构、新材料、新型器件不断涌现，为保证国产辐射效应仿真软件的普适性，需持续加大投入，在多种类型器件、不同工艺平台上验证软件可用性。

　　辐射效应仿真软件研发过程中，积极引入新方法、新思路是必然选择。例如，引入人工智能、深度学习等新方法，能增强计算效率，起到提质增效的作用。

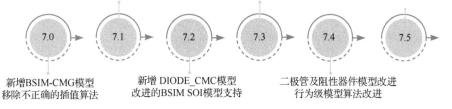

图 6.12 Xyce 软件近年来的更新迭代

6.4 小 结

伴随着微电子领域的发展变化，电子器件结构、尺寸、材料、电压等方面飞速发展，辐射效应机理更趋于复杂，各种影响因素间的相互耦合使辐射效应变得难以估算，必须借助于仿真分析工具。现有辐射效应仿真软件的研发单位主要来自美国、法国等，贯穿材料、器件、电路、系统整个链路。考虑到 MRED、SEMM-2、MUSCA SEP3 等用于评价抗辐照性能的辐射效应仿真专用软件均不开放，国内单位无法使用，更不能根据具体应用需求加以改进。Xyce 等虽然主体软件开源，但其中的辐射效应模型与软件模块接口均不开放。另外，软件研究中的建模与仿真过程反映了设计者对所研究的物理问题的认识水平，单纯引进很难实现创新超越。综合来看，发展具有自主知识产权的辐射效应仿真软件，是一项不能不重视的任务。

参 考 文 献

[1] ASAI M. A roadmap for Geant4[J]. Journal of Physics: Conference Series, 2012, 396: 052007.

[2] 齐超. 纳米集成电路大气中子单粒子翻转率预估研究[D]. 北京: 北京大学,2022.

[3] SRINIVASAN G R. Modeling the cosmic-ray-induced soft-error rate in integrated circuits: An overview[J]. IBM Journal of Research and Development, 1996, 40(1): 77-89.

[4] TANG H K, CANNON E H. SEMM-2: A modeling system for single event upset analysis[J]. IEEE Transactions on Nuclear Science, 2004, 51(6): 3342-3348.

[5] WELLER R A, MENDENHALL M H, REED R A, et al. Monte Carlo simulation of single event effects[J]. IEEE Transactions on Nuclear Science, 2010, 57(4): 1726-1746.

[6] REED R A, WELLER R A, MENDENHALL M H, et al. Physical processes and applications of the Monte Carlo radiative energy deposition (MRED) Code[J]. IEEE Transactions on Nuclear Science, 2015, 62(4): 1441-1461.

[7] KEITER E R, RUSSO T V, HEMBREE C E, et al. A physics-based device model of transient neutron damage in bipolar junction transistor[J]. IEEE Transactions on Nuclear Science, 2010, 57(6): 3305-3313.

[8] HUBERT G, DUZELLIER S, INGUIMBERT C, et al. Operational SER calculations on the SAC-C orbit using the

multi-scales single event phenomena predictive platform (MUSCA SEP3)[J]. IEEE Transactions on Nuclear Science, 2009, 56(6): 3032-3042.

[9] FABERO J C, KORKIAN G, FRANCO F J, et al. SEE sensitivity of a COTS 28-nm SRAM-based FPGA under thermal neutrons and different incident angles[J]. Microprocessors and Microsystems, 2023, 96: 104713.

[10] ABE S, WATANABE Y, SHIBANO N, et al. Multi-scale Monte Carlo simulation of soft errors using PHITS-HyENEXSS code system[J]. IEEE Transactions on Nuclear Science, 2012, 59(4): 965-970.

[11] 蔡明辉, 韩建伟, 胡鉴航. 基于 Pro-E 的航天器内部辐射屏蔽和总剂量分析技术[C]. 第十四届全国日地空间物理学术讨论会, 重庆, 2011:137-138.

[12] 郑汉生. 典型结构的深层充放电规律及放电干扰影响研究[D]. 北京: 中国科学院大学, 2017.

[13] 于庆奎, 王贺, 曹爽, 等. 空间质子直接和非直接电离引发单粒子效应的地面等效评估试验方法[J]. 航天器环境工程, 2021, 38(3): 351-357.

[14] 于庆奎, 罗磊, 唐民, 等. 纳米器件质子在轨单粒子翻转率预计方法[J].太赫兹科学与电子信息学报, 2017, 15(1): 145-148.

[15] 丁李利, 王坦, 张凤祁, 等. CMOS 器件单粒子效应电路级建模和仿真[J]. 原子能科学技术, 2021, 55(12): 2113-2120.

[16] DING L, CHEN W, WANG T, et al. Modeling the dependence of single event transients on strike location for circuit-level simulation[J]. IEEE Transactions on Nuclear Science, 2019, 66(6): 866-874.

[17] DING L, CHEN W, WANG T, et al. Circuit-level prediction of charge sharing transients and upsets for various well contacts[C]. European Conference on Radiation and Its Effects in Components and Systems, Gothenburg, 2018.

[18] DING L, CHEN W, WANG T, et al. Modeling the influence of reduced supply voltage on SEE in circuit-level simulation[C]. 3rd International Conference on Radiation Effects of Electronic Devices, Chongqing, 2019.

[19] DING L, CHEN W, WANG T, et al. Mutual interference induced by single event effects in CMOS circuits[J]. AIP Advances, 2020, 10(6): 065020.

[20] DING L, WANG T, ZHANG F, et al. An analytical model to evaluate well potential modulation and bipolar amplification effects [J]. IEEE Transactions on Nuclear Science, 2023, 70(8): 1724-1731.

[21] 王坦, 丁李利, 罗尹虹, 等. 基于物理的体硅 CMOS 存储器多位翻转特性电路级仿真分析[J]. 原子能科学技术, 2021, 55(12): 2121-2127.

[22] WANG D, DING L, CHEN W, et al. The impact of driving capacity on single-event effect vulnerability of standard cell[C]. 4th International Conference on Radiation Effects of Electronic Devices, Xi'an, 2021.